HELEN BRAASCH

Methodische Untersuchungen zum Nachweis von Attraktiv- und Repellenteffekten verschiedener Pflanzenschutzmittel auf Insekten

WISSENSCHAFTLICHE ABHANDLUNGEN

Nr. 58

METHODISCHE UNTERSUCHUNGEN ZUM NACHWEIS VON ATTRAKTIV- UND REPELLENTEFFEKTEN VERSCHIEDENER PFLANZENSCHUTZMITTEL AUF INSEKTEN

von

HELEN BRAASCH

Mit 21 Abbildungen und 16 Tabellen

DEUTSCHE DEMOKRATISCHE REPUBLIK
DEUTSCHE AKADEMIE
DER LANDWIRTSCHAFTSWISSENSCHAFTEN ZU BERLIN

AKADEMIE-VERLAG · BERLIN
1969

Anschrift der Verfasserin:

Dr. Helen Braasch
7031 Leipzig, Philipp-Müller-Straße 39

Diese Arbeit wurde im Rahmen einer Vertragsforschung
mit dem Chemisch-Biologischen Institut (Leiter Dr. Kramer)
des VEB Farbenfabrik Wolfen angefertigt

1969
Herausgeber: Deutsche Demokratische Republik
Deutsche Akademie der Landwirtschaftswissenschaften zu Berlin
Erschienen im Akademie-Verlag GmbH, 108 Berlin, Leipziger Straße 3 – 4

Lizenznummer: 202 · 100/532/69
Gesamtherstellung: VEB Druckerei „Thomas Müntzer“, 582 Bad Langensalza
Bestellnummer: 2068/58 · ES 22 F
22,–

INHALTSVERZEICHNIS

EINLEITUNG

Unter natürlichen Bedingungen sind chemische Attraktiv- und Repellentstoffe im Leben der Insekten von hervorragender Bedeutung. Die wissenschaftliche Erkenntnis über die bewußte Unterbrechbarkeit und Lenkbarkeit der Orientierungsabläufe der Insekten durch Eingriffe des Menschen ist jüngeren Datums, Lock- und Abschreckverfahren sind jedoch seit Jahrhunderten ein Bestandteil der Schädlingsbekämpfung. Mußten sie in den vergangenen Jahrzehnten auch den radikaleren chemischen Bekämpfungsmaßnahmen weichen, so beginnen sie in neuerer Zeit den ihnen gebührenden Platz im Rahmen des integrierten Pflanzenschutzes einzunehmen.

Aber auch bei Pestiziden selbst werden in zunehmendem Maße Attraktiv- und Repellentwirkungen festgestellt. Die Nichtbeachtung dieser sinnesphysiologischen Wirkungen kann zu beträchtlichen Mißerfolgen bei Bekämpfungsaktionen führen. Andererseits bestehen Möglichkeiten, diese Effekte in den Dienst des Verfahrens zu stellen. Der Umfang der heute vorliegenden Beobachtungen rechtfertigt die Forderung nach systematischer Überprüfung aller zum Einsatz gelangenden Mittel auf ihre sinnesphysiologische Wirksamkeit. Damit verbunden ist die Notwendigkeit der Schaffung einer geeigneten Prüfmethode.

In vorliegender Arbeit werden zunächst die ökologischen Zusammenhänge aufgezeigt, auf denen die natürlichen Reaktionsabläufe der Insekten beruhen und deren Kenntnis für einen wirkungsvollen Einsatz von Attraktants und Repellents unerläßlich ist. Die bis heute bekannten Testmethoden sind zahlreich, mehr oder weniger exakt, von recht unterschiedlichem Aussagewert und in der Regel nicht standardisiert. Aus diesen Gründen wird unter Auswertung der verfügbaren Methoden ein Olfaktometer-Schnelltest beschrieben, der für Reihenuntersuchungen mit Pflanzenschutzmitteln geeignet ist. Außerdem werden die sinnesphysiologischen Wirkungen einer Reihe insektizider, fungizider und akarizider Mittel und der in ihnen enthaltenen Wirkstoffe auf *Drosophila melanogaster* und *Sitophilus oryzae* dargestellt, und es wird versucht, einige grundlegende Prinzipien der Attraktanz und Repellenz von Pflanzenschutzmitteln aufzuzeigen, soweit dies bei dem gegenwärtigen Stand der Kenntnisse über die Wirkungsmechanismen der Attraktanz und Repellenz möglich ist. Solche Versuche sind bisher spärlich und beschränken sich in der Regel auf die Feststellung, daß sich die Effekte mit steigender Konzentration des Mittels von attraktiv über indifferent zu repellent wandeln können. Die vorliegende Arbeit soll einen Beitrag dazu leisten, der Attraktanz und Repellenz bei Pflanzenschutzmitteln verstärkte Aufmerksamkeit zu widmen und die Erforschung der damit verbundenen Probleme systematischer als bisher zu betreiben.

Für wertvolle Ratschläge und Unterstützung bei der Anfertigung der Arbeit danke ich den Herren Prof. Dr. G. Fröhlich, Prof. Dr.H. J. Müller und Prof. Dr. E. Mühle. Für die technische Durchführung der Experimente sei an dieser Stelle Frau R. Mieskes, für Unterstützung bei der Betreuung der Freilandexperimente den Mitarbeitern des Staatlichen Pflanzenschutzdienstes an den Untersuchungsorten herzlicher Dank ausgesprochen. Für die kostenlose Bereitstellung der untersuchten Pflanzenschutzmittel gebührt den Herstellerwerken VEB Farbenfabrik Wolfen, VEB Berlin-Chemie, VEB Fahlberg-List Magdeburg, VEB Elektrochemisches Kombinat Bitterfeld, VEB Fettchemie Karl-Marx-Stadt und Chemische Fabrik Delitia, Delitzsch, Dank.

1. Die ökologische Bedeutung der Attraktants und Repellents

Die Wechselbeziehungen zwischen Pflanzen und phytophagen Insekten, allgemein zwischen dem Insekt und seinem Wirt oder den als Brutplatz oder Nahrungsstoff dienenden Medien sowie zwischen den Insekten untereinander sind vielseitiger und komplexer Natur. Im Wirt-Parasit-Konnex lassen sich bei frei beweglichen Insekten zwei Richtungen unterscheiden: eine konduktive, welche die Partner in Verbindung bringt, und eine separative, welche sie wieder auseinanderführt (MÜLLER 1965). Zwischen beiden liegt die Ausbeutungsphase (Exploitation).

Der Verlauf des konduktiven Abschnittes entscheidet über die Wirtswahl des Insektes, über seine Futterpräferenz. Eine Reihe Arbeiten der letzten Jahre (DE WILDE 1958; KENNEDY 1958; THORSTEINSON 1960; GUPTA and THORSTEINSON 1960 a, b; JERMY 1960, 1961 u. a.) weisen nach, daß es sich dabei nicht nur um einen einfachen, durch positive Stimuli dirigierten Wahlmechanismus handelt, sondern daß dem Prinzip der „Wirtsmeidung", von dem schon WARDLE (1929) spricht, eine ebensogroße Bedeutung zukommt. Untersuchungen an *Leptinotarsa decemlineata*, *Phytodecta fornicata*, *Sitona humeralis*, *S. saturalis*, *Phytonomus variabilis* und *Galeruca pomonae* zeigen, daß die negative Abgestimmtheit der Chemorezeptoren auf verschiedene Stoffe auch für die Nahrungsspezialisation oligophytophager Insekten eine größere Rolle spielt, als bisher angenommen wurde (JERMY 1960, 1961). Die Wirtswahlmechanismen mono-, oligo- und polyphager Insekten scheinen sich prinzipiell nicht zu unterscheiden.

Im Befallsverhalten der Insekten sind zwei Hauptphasen zu unterscheiden:

1. Wahrnehmung und Auffindung des Wirtes:
2. Erkennung und Annahme des Wirtes, worauf Nahrungsaufnahme oder Eiablage (im Paarungsverhalten Kopulation) erfolgt (THORSTEINSON 1958).

Die einzelnen Phasen des Befallsverhaltens werden in der Regel durch separate Stimuli beeinflußt, deren Reizwert bei Abschluß der Phase erlischt. Untersuchungen an Stechmücken lassen folgende Verhaltensstadien hinsichtlich des Blutsaugens erkennen, die alle durch unterschiedliche Stimuli dirigiert werden:

Aufflug, Wirtsfindung, Festsetzen, Probieren, Nahrungsaufnahme, Aufflug (KALMUS and HOCKING 1960; HOCKING 1963).

MÜLLER (1958, 1962) legt am Beispiel der Aphiden die Bedeutung des richtungslosen Dispersionsfluges dar, währenddessen die Blattläuse sinnesphysiologisch nicht in der Lage sind, geeignete Wirtspflanzen als solche zu erkennen und auf ihnen zu landen. Allmählich erfolgt eine Umstimmung von der Migrationsphase zur Befallsphase. Im Zyklus der wechselseitigen Beziehungen zwischen Wirt und Parasit unterscheidet MÜLLER (1965) fünf Phasen: Separationsphase (Separation von Pflanzen und phytophagen Insekten durch Verknappung oder Verschlechterung der Ernährungsbedingungen), Dispersionsphase, Attraktionsphase (Übergang von der Migration zur Befallsstimmung, Phase der ersten Hinführung der Phytophagen zu ihren Nahrungs- oder Fortpflanzungsstätten, eingeleitet durch ungerichtete Suchbewegungen), Konjunktionsphase (Wirtsannahmephase, schließt die Abnahme der lokomotorischen Aktivität und das Probieren des Substrates ein) und Exploitationsphase (Ausbeutungsphase). KENNEDY (1958) stellt die Hypothese auf, daß der Dispersionsflug die Voraussetzung dafür sein kann, die Reaktionsschwelle des Insektes auf vom Wirt ausgesandte Reize so weit zu erniedrigen, daß eine Reaktion erfolgt. Auf diese Weise kann die Reaktion von *Sitona cylindricollis* (Fåhraeus) auf den Cumarinduft der Wirtspflanzen, der Landereiz darstellt (HANS and THORSTEINSON 1961), erklärt werden.

In den jeweiligen Phasen der Reaktionsfolge im Befallsverhalten ist das Insekt im allgemeinen nicht nur einem einzelnen, sondern mehreren gleichzeitig vorhandenen potentiellen Reizen, einem Reizfeld, ausgesetzt. Die einzelnen Phasen werden durch eine Folge von Reizfeldern ausgelöst. In manchen Fällen kann nur ein Faktor für eine Attraktion verantwortlich sein, in anderen besitzen mehrere eine Lockwirkung, und diese kann durch Kombination der Reize gesteigert werden, wobei gemäß den Umständen der eine oder andere Reiz dominiert. Dabei kombinieren sich nicht nur verschiedene Reize, die in die unmittelbare Wirt-Parasit-Beziehung eingegliedert sind, sondern diese können wiederum in Kombination mit Reizen des umgebenden Lebensraumes treten. Ein solcher komplexer Lockeffekt wird häufig bei entomophagen parasitischen Arten beobachtet. (GÖRNITZ 1937, 1957; THORPE and CAUDLE 1938; FLANDERS 1947; MONTEITH 1955, 1958, 1960; MAYER 1960; LANGE 1960 u. a.). In der Regel orientieren sich insektenparasitische Insektenarten nach der Futterpflanze ihres Wirtes.

Unter zahlreichen Stimuli (Licht, Farbe, Schall, Feuchtigkeit, Wärme, Erdmagnetismus u. a.) sind die chemischen Stimuli als dominierende Regulatoren der Wirtswahl zu betrachten (THORSTEINSON 1958, 1960). Nach JERMY (1961) wird der Wirtspflanzenkreis eines phytophagen Insektes in erster Linie durch Anzahl und Konzentration der Chemikalien bestimmt, zu welchen die Chemorezeptoren in positivem oder negativem Sinne eingestellt sind.

Chemische Stimuli wirken auf den Geschmacks- und den Geruchssinn ein. Die Mannigfaltigkeit der durch Chemikalien ausgelösten Verhaltensmuster erfordert eine umfassende Klassifikation der Stimuli. Diese ist abhängig von der jeweiligen Orientierungsphase im Befallsverhalten, auf die das Chemikal fördernd oder hemmend einwirkt. Der Terminus „Attraktant" wird häufig unkorrekt und in zu weitem Sinne gebraucht. Ein Attraktant ist ein chemischer Stoff, der eine gerichtete Bewegung auf die Reizquelle zu (Taxis) verursacht (DETHIER et al. 1960; THORSTEINSON 1958 u. a.). Echte chemische Attraktants müssen demzufolge olfaktorisch wirksame Substanzen sein, wobei auch ein relativ geringer Dampfdruck der hohen Empfindlichkeit der Geruchsrezeptoren der Insekten genügt. Sie können auf nur wenige Meter Entfernung und bis zu Distanzen einiger Kilometer wirken (HOCKING 1963). Ein chemisches Repellent dagegen löst eine Reaktion aus, die zur Meidung der Reizquelle führt. Im eigentlichen Sinne sind die Termini „Attraktant" und „Repellent" nur für jene Orientierungsphasen anwendbar, die ein Zu- oder Wegwandern vom Substrat betreffen (THORSTEINSON 1958). Chemische Repellents mit Fernwirkung sind ebenfalls Geruchsstoffe. Daneben gibt es eine chemische Kontaktrepellenz, der vorwiegend gustatorische Stimuli zugrunde liegen. Kontaktrepellents werden auch Deterrents genannt (DETHIER et al. 1960). Repellents im eigentlichen Sinne führen zu einer gerichteten Bewegung von der Reizquelle weg (Taxis). Vielfach werden als Repellents aber auch Stoffe bezeichnet, die eine irritierende Wirkung auf die Insekten ausüben, zu einer Aktivitätssteigerung und in Verbindung damit zu einer Befallsverminderung führen (DETHIER 1956). Nach FRAENKEL and GUNN (1940) kann eine solche Reaktion als Orthokinese bezeichnet werden.

Ein Attraktant ist als Stimulus nicht das Ziel selbst. Ist der Fraß- oder Eiablageplatz bzw. Partner aufgefunden, ob gerichtet durch olfaktorische, optische oder andere Stimuli oder auch zufällig, so werden neue Stimuli wirksam. Chemische Stoffe, die Insekten zur Annahme eines Substrates veranlassen, werden als Akzeptants bezeichnet (DETHIER 1956, 1957b; THORSTEINSON 1958 u. a.) Ein Beispiel dafür ist der Zucker, der häufig zur Köderung verwendet und fehlerhaft oft als Attraktant bezeichnet wird (BÖHMEL 1937; FIEDLER 1950; DETHIER 1955). Zucker sind als Akzeptants und Phagostimulants für phytophage Insekten weit verbreitet (BECK 1956; THORSTEINSON 1958; LA PIDUS et al. 1963 u. a.). Es ist offensichtlich, daß für Köderzwecke Attraktants weit bessere Erfolge versprechen als Akzeptants. Nach DETHIER et al. (1960) werden chemische Stoffe, die Insekten zum Verweilen auf einem Substrat veranlassen, auch als Arrestants bezeichnet. Entgegengesetzt kann nach Kontakt mit dem Substrat dessen Ablehnung, verursacht durch ein Rejektant (THORSTEINSON 1958), erfolgen. Nahrungsaufnahme, Kopulation oder Eiablage werden schließlich durch Fraß- (Phago-), Paarungs- oder Eiablagestimulants beeinflußt (THORSTEINSON 1955, 1958; DETHIER et al. 1960).

Für insekteneigene Wirkstoffe, die als chemische Auslöser intraspezifischer Reaktionen dienen (z. B. Sexuallockstoffe, Königinnenstoffe der Bienen und Termiten usw.) wird auch der Terminus „Ektohormone" gebraucht (BUTENANDT 1955). NOVAK (1960) bezeichnet diese Stoffe als „Exo"- oder „Soziohormone", und KARLSON und LÜSCHER (1959 a, b) schlagen den Terminus „Pheromone" vor (KARLSON and BUTENANDT 1959, KARLSON 1960). KIRSCHENBLATT (1957, 1959) empfiehlt als Sammelbezeichnung aller biologisch aktiven organischen Stoffe, die von Tieren in das umgebende Milieu abgeschieden werden und auf andere Organismen einwirken, den Begriff „Telergone".

Die ökologische Funktion olfaktorischer Attraktants und Repellents besteht im wesentlichen in der Zusammenführung der Geschlechter, dem Zusammenhalt der Kolonien sozial lebender Insekten, der Abwehr von Feinden und ihrer bedeutenden Rolle bei der Wahl und Auffindung des Fraß -oder Eiablageplatzes.

Die Existenz meist artspezifischer Sexuallockstoffe, die in der Regel von jungfräulichen Weibchen aus abdominalen Drüsen abgesondert werden und die Männchen aus zum Teil beträchtlichen Entfernungen anlocken können, ist vorwiegend von Lepidopteren-Arten bekannt, darunter auch von zahlreichen Schädlingen: *Prodenia litura* Fab. und *Agrotis ypsilon* (HUFNAGEL) (FLASCHENTRÄGER and AMIN 1950; WIESMANN 1957), *Porthetria dispar* (L.) (COLLINS and POTTS 1929, 1931, 1932; SCHEDL 1936; HALLER et al. 1944; GÖRNITZ 1949; HOLBROOK 1953; ACREE 1953 a, b, 1954; ACREE et al. 1959; BLOCK 1960; HOLBROOK et al. 1960; JACOBSON 1960 a, b; JACOBSON et al. 1961 u. a.), *Pectinophora gossypiella* (Saunders) (OUYE and BUTT 1962; GRAHAM and MARTIN 1963), *Protoparce sexta* (Johannson) (ALLEN and HODGE 1955; ALLEN et al. 1962), *Diatraea saccharalis* (F.) (PEREZ and LONG 1964), *Lymantria monacha* L. (FARSKY 1938; AMBROS 1938, 1940; HANNO 1939; ZEHMEN 1942; GÖRNITZ 1949), *Clysia ambiguella* Hb. und *Polychrosis botrana* Schff. (GÖTZ 1939 a, b, 1942), *Bombyx mori* (L.) (KARLSON und BUTENANDT 1959), *Cacoecia murinana* Hb. (FRANZ 1940) und anderen (BARTH 1937; GÖTZ 1940, 1951; SHOREY 1964; SHOREY et al. 1964).

In den letzten Jahren gelang es, einige Sexualattraktants chemisch zu identifizieren und zu synthetisieren. Der Sexuallockstoff von *Bombyx mori* (L.) wurde erkannt als 10,12-Hexadecadien-1-ol (BUTENANDT et al. 1959, 1961 a, b; BUTENANDT and HECKER 1961), der Sexuallockstoff von *Porthetria dispar* (L.) als d-10-Acetoxy-1-hydroxy-cis-7-hexadecen (JACOBSON 1960 b; JACOBSON et al. 1961; JACOBSON and JONES 1962), der Sexuallockstoff von *Periplaneta americana* L. als 2,2-Dimethyl-3-isopropyliden-cyclopropyl-propionat (JACOBSON et al. 1963).

Sexualattraktants werden außer bei *Periplaneta americana* L. (ROTH and WILLIS 1952; WHARTON et al. 1962; YAMAMOTO 1963) auch bei verschiedenen anderen *Blattoidea*, zum Beispiel bei *Byrsotria fumigata* (GUÉRIN), nachgewiesen (ROTH and WILLIS 1952; BARTH 1961 u. a.), weiterhin bei den Hymenopteren *Diprion similis* (HARTIG) (COPPEL et al. 1960; CASIDA et al. 1963; JONES et al. 1965), *Bracon hebetor* (Say) (= *Habrobracon juglandis*) (MURR 1930), *Megarhyssa lunator* (L.) (ABBOTT 1936), der Honigbiene (GARY 1962), anderen aculeaten Hymenopteren (KULLENBERG 1956) und bei verschiedenen Coleopteren-Arten wie *Diabrotica balteata* Lec. (CUTHBERT and REID 1964), *Miltotrogus aequi-*

noctialis Hbst. (NONVEILLER 1958), *Synanthedon pictipes* (GROTE & ROBINSON) (CLEVELAND and MURDOCK 1964), *Tenebrio molitor* L. (VALENTINE 1931), *Ptinus clavipes*, *Ptilinus pectinicornis* L., *Anthrenus scrophulariae* L., *Anobium punctatum* De Geer (CYMOREK 1964) und anderen. Bei dem Baumwollschädling *Anthonomus grandis* Bohem. scheidet das Männchen einen Sexuallockstoff aus (KELLER et al. 1964), eine Erscheinung, die auch bei verschiedenen Schmetterlingen und einigen anderen Arten beobachtet wird. Dem geschlechtsspezifischen Duftstoff der Männchen der Wasserwanze *Belostoma indica* Vitalis, bei dem es sich um trans-Δ^2-Hexenol-(1)-acetat handelt, kommt wahrscheinlich ebenfalls die Funktion eines Lock- und Erregungsstoffes zu (BUTENANDT und TAM 1957). Das Auftreten von Sexualattraktants ist auch von einigen Dipteren, Isopteren, Mecopteren und Neuropteren bekannt. Die Zusammenstellung von JACOBSON (1965) gibt einen ausführlichen Überblick der bei Insekten vorkommenden Sexuallockstoffe.

Manche Hymenopteren-Arten (*Bombus*, *Psithyrus* u. a.) legen auf ihren Schwarmbahnen Duftmarken, die offenbar als Treffpunkte für die Kopulation Bedeutung besitzen (HAAS 1952). Die Attraktivität der Königin für die Arbeiterinnen der Honigbienen beruht auf einem in den Mandibulardrüsen gebildeten Duftstoff (GARY 1961). Die aktive Komponente im Nassanoff-Attraktivstoff der Arbeiterinnen ist Geraniol (BOCH and SHEARER 1962). Auch für das Sozialleben der Termiten und Ameisen spielen Duftstoffe eine Rolle (EMERSON 1929; MCGREGOR 1948; VERRON 1957; LANGE 1959).

Für manche Holzschädlinge steigt die Attraktivität des Stammes, wenn er bereits befallen ist. Zum Beispiel produzieren die Termiten *Zootermopsis nevadensis* (Hagen) und *Nasutitermes cornigera* Motschulsky Substanzen, die attraktiv für die gleichen Arten sind (STUART 1961). Ähnliche Beziehungen werden für andere Termiten berichtet (WATANABE and CASIDA 1963). Weibchen von *Dendroctonus pseudotsugae* (Hopk.) (Col.) produzieren in befallenen gefällten Stämmen ebenfalls volatile Substanzen, die zu stärkerem Befall führen (RUDINSKY 1963). Das für den Massenbefall von *Ips confusus* (Lee.) und *Ips ponderosae* Swaine verantwortliche attraktive Material wird dagegen durch die Männchen beider Arten in bereits befallenen Stämmen erzeugt (WOOD and VITÉ 1961; VITÉ and GARA 1962; VITÉ et al. 1963; WOOD and BUSHING 1963).

Insekteneigene Repellents dienen dem Schutz gegen Feinde und der Regulation gewisser Verhaltensaspekte im Zusammenhang mit der Reproduktion (DETHIER 1947; FLANDERS 1947; SCHILDKNECHT und WEIS 1960 a, b, c; BEVAN et al. 1961; METCALF and FLINT 1962; ROTH and EISNER 1962 u. a.). Stink- und Abwehrdrüsen existieren vor allem bei Hemipteren (Pentatomiden, Reduviiden) und Coleopteren (Carabiden, Tenebrioniden, Coccinelliden, Lampyriden), aber auch bei einigen *Blattoidea*, *Forficula* und Formiciden.

Im Orientierungsverhalten der phytophagen Insekten zum Wirt können volatile pflanzliche Ausscheidungen — häufig ätherische Öle — eine bedeutende Rolle spielen. Durch Experimente mit Preßbrei, Preßsaft und Extrakten wird für eine Reihe von Insekten festgestellt, daß der Substanzgeruch von

Pflanzen, an denen sie üblicherweise fressen oder brüten, auf sie anlockend wirkt. Preßrückstände aus Raps und anderen ölhaltigen Samen üben, mit Wasser angeteigt, eine starke Lockwirkung auf Cruciferenschädlinge aus (GÖRLITZ 1953, 1956, 1957). Preßsäfte aus Nadelhölzern locken *Hylobius abietis* L. (OHNESORGE 1953; HESSE et al. 1955), *Ips typographus* Linné, *Ips cembrae* Heer, *Hylastes cunicularius* Er. und andere an (MERKER 1953). Die Blattwespe *Pristiphora abietina* wird durch Ätherextrakte der Knospen der Fichtenmaitriebe angezogen (MERKER und ADLUNG 1956). MOORE (1928) stellt fest, daß *Pyrausta nubilalis.* Hbn. von Stengeldestillaten und Petrolätherextrakten des Maises angelockt wird. WILDBOLZ (1958, 1959) weist nach, daß vom Apfel ausgesandte Attraktivstoffe *Carpocapsa pomonella* L. zur Eiablage in der Nähe der Äpfel veranlassen. Ähnliche Verhältnisse geruchlicher Anlockung liegen wohl bei den Traubenwicklern vor (SCHNEIDER 1958).

Obwohl die Lockwirkung der Fraß- und Brutpflanzen in vielen Fällen nachgewiesen wird und sich mancherlei Stoffe finden lassen, die anlockend wirken (DETHIER 1947), ist die eigentliche attraktive Substanz erst in wenigen Fällen bekannt. Unser begrenztes Wissen über die Chemie pflanzlicher Geruchsstoffe erschwert das Eindringen in die Problematik dieser Erscheinungen. Der Wirtspflanzenkreis von *Plutella maculipennis* (Curt.) (Lep.) ist identisch mit der botanischen Verbreitung der Senföle (GUPTA and THORNSTEINSON 1960 a, b). Senföle wirken auch attraktiv auf zahlreiche Cruciferen-Schädlinge, vor allem *Phyllotreta*-Arten (GÖRLITZ 1953, 1956, 1957). Ein aliphatisches ungesättigtes Keton („Oryzanon") aus Reispflanzen erweist sich attraktiv für die Larven des Reisstengelbohrers *Chilo suppressalis* (Walker) (MUNAKATA et al. 1959). Hervorragende Beispiele der Attraktion durch Pflanzenprodukte sind die Wirkungen von Geraniol auf *Popillia japonica* Newman und von Methyleugenol auf die Männchen von *Dacus dorsalis* Hendel (HOWLETT 1912; STEINER 1952a).

Über Nahrungsfindung und Chemotaxien bei holzbewohnenden Käfern liegen mehrfache Untersuchungen vor (MERKER 1953; OHNESORGE 1953; HESSE et al. 1955; KNAUTH und MADEL 1955; ADLUNG 1957, 1958, 1960; DÄSSLER 1958; DÄSSLER und HENKER 1959; GRAHAM 1959; CHARARAS 1960; SCHWERDTFEGER 1960a, b; BECKER 1962; VITÉ and GARA 1962; VITÉ et al. 1963 u. a.). Sowohl bei Frisch- als auch bei Trockenholzinsekten scheinen Geruchsstoffe für die Orientierung zum Wirt eine große Rolle zu spielen. *Hylobius abietis* L. wird zum Beispiel von Methylestern der Leinölfettsäuren angelockt, die andererseits auf *Ernobius mollis* L. abschreckend wirken sollen (ADLUNG 1957).

Baumwollpflanzen senden volatile Substanzen aus, deren Attraktivwirkung (bzw. Wirkung als Arrestant und Fraßstimulant) auf *Anthonomus grandis* Boh. nachgewiesen wird (MC INDOO 1926a; KELLER et al. 1962, 1963; KELLER et al. 1965; NEFF and VANDERZANT 1963; MAXWELL et al. 1963a, u. a.). Außerdem werden jedoch Extrakte mit Repellentwirkung auf *Anthonomus grandis* gewonnen (MAXWELL et al. 1963b). Hier liegt offenbar ein Fall vor, in dem Wirtsfindung und -annahme durch eine Wechsel- bzw. Konkurrenzwirkung attraktiver und repellenter Stoffe beeinflußt werden, möglicherweise in Abhängigkeit von der Konzentration.

Ein Qualitätswechsel der Geruchsempfindung bei Änderung der Konzentration mancher Duftstoffe ist eine wiederholt beobachtete Erscheinung (DETHIER 1947 u. a.). NAYAR and FRAENKEL (1963) nehmen an, daß bei der Empfindlichkeit verschiedener Bohnenvarietäten gegenüber *Epilachna varivestis* Muls. (Col., Coccin.) die Konzentration bestimmter chemischer Verbindungen eine Rolle spielt. Aus Bohnenblättern isolierte Fraktionen, die Phaseolunatin enthalten, wirken in niedrigen Konzentrationen fraßfördernd auf die Larven, in höheren Konzentrationen als Hemmstoffe. Wie LA PIDUS et al. (1963) berichten, soll allderings für die Resistenz von *Phaseolus*-Arten gegenüber *Epilachna varivestis* der niedrige Gehalt an nichtreduzierenden Zuckern verantwortlich sein („Saccharotropismus"). Eine zweifache Wirkung — offenbar in Abhängigkeit von der Konzentration — hat Kumarin auf *Listroderes costrirostris* Schönh. (*Costrirostris obliquus* Klug). Es lockt den Käfer an und wirkt in der darauffolgenden Orientierungsphase fraßhindernd (MATSUMOTO 1962). Nach SCHUPHAN (1937) werden Rettichpflanzen mit geringerem Senfölgehalt stärker von *Hylemia floralis* befallen.

Für „Wirtsmeidung" auf Grund von Repellentstoffen liegen weitere Beispiele vor. Nach SWEETMAN (1936) meidet *Liparis monacha* L. gewisse Kiefern wegen des Vorhandenseins von ungefähr 5%igem Terpentin in deren Nadeln. Für die natürliche Resistenz des Hartholzes von *Eucalyptus microcorys* gegenüber Befall durch *Nasutitermes exitiosus* (Hill) sind Repellents von Bedeutung, wie an der Wirkung von Ätherextrakten gezeigt wird (RUDMAN and GAY 1961). Auch dem Verhalten anderer Termiten-Arten gegenüber resistenten Hölzern scheint zum Teil der gleiche Mechanismus zugrunde zu liegen (SANDERMANN und DIETRICH 1957). Fraßrepellenz durch Tannin wird gegenüber den Larven des Luzerneschädlings *Hypera postica* (Gullenhal) beobachtet (BENNETT 1965). Andererseits werden die Raupen von *Lymantria dispar*, *Orgyia antiqua*, *Amphidasis betularia* und bedingt *Euproctis chrysorrhoea* durch den Gerbstoffgehalt vieler Holzgewächse und durch Bestreichen der Blätter krautiger Pflanzen mit Tannin zur Nahrungsaufnahme veranlaßt (GÖRNITZ 1955). Auch auf *Melolontha vulgaris* wirkt es fraßsteigernd (GOTTSCHALK 1957).

Während manche Insekten im Zusammenhang mit ihrer Spezialisierung auf bestimmte Wirte eine eng begrenzte Spezifität hinsichtlich ihres Verhaltens gegenüber Duftstoffen aufweisen, sind Insekten mit weniger spezifischem Fraßverhalten (zum Beispiel carpophage Arten) auch weniger in ihren Reaktionen auf flüchtige Substanzen spezialisiert. Dies kommt darin zum Ausdruck, daß zum gleichen Gärköder eine Vielzahl von Holzbohrern, Honigsaugern, Saft- und Fruchtfressern (vorwiegend Coleopteren, Dipteren und Lepidopteren) angelockt wird (DETHIER 1947). Der Duft gärender Substrate besteht aus einem Gemisch vieler Verbindungen, von denen mehrere auf die gleiche Insektenart mehr oder weniger attraktiv wirken können. Der entscheidende Effekt wird durch eine bestimmte Mischung erzielt, wobei sich die einzelnen Bestandteile in ihrer Wirkung synergistisch verstärken, wie es zum Beispiel für *Drosophila*-Arten nachgewiesen wird (Reed 1938; Begg and Hogben 1946; West 1961; Mason et al. 1963 u. a.). Zur Gruppe dieser Insekten zählen auch die Fruchtfliegen der Familie *Trypetidae* (*Ceratitis capitata* Wied., *Dacus* spp., *Anastrepha ludens* Loew., *Rhagoletis* spp., *Pterandrus rosa* Ksh. u. a.), deren positive Reaktion gegenüber Proteinhydrolysaten in ausgedehntem Maße in Schädlingsbekämpfung und -warndienst angewendet wird (Ripley and Hepburn 1929, 1935; Dean 1941; Hodson 1948; Steiner 1952b, 1954, 1955; Gow 1954; Shaw 1955, 1961; Armitage 1956; Bodenstein und Madel 1957; Nishida et al. 1957; Nishida 1958; Barnes and Ortega 1959; Chen 1960; Nelson 1960; Steiner et al. 1961; Orphanides et al. 1962 a; Orphanides, Soultanopoulos et al. 1962; Avidov et al. 1963; Nelson and Maxwell 1964; Oatman 1964; Niemczyk 1965 u. a.) und wahrscheinlich auf der Abgabe von Ammoniak beruht (Dethier 1947). Hydrolisierte Proteine zeigen auch Attraktivwirkung auf die Zwiebelfliege, *Hylemia antiqua* (Meigen) (Niemczyk 1965). Die einzelnen Fruchtfliegen-Arten reagieren auf eine große Anzahl Verbindungen, und die gleiche Verbindung lockt oft zahlreiche Arten an.

Als bedeutendste Quellen der olfaktorisch wirksamen Protein- und Fettzerfallsprodukte (Fettsäuren, Amine, Ammoniak, Kohlendioxyd) sind Aas, Fäkalien, Urin, tierische Sekrete (wie Schweiß), verwesendes Pflanzenmaterial, Pilze und einige Algen anzusehen. Insekten, die an diesen Substraten fressen oder Eier ablegen, sind im Fraßverhalten ebenfalls mehr oder weniger unspezifisch. Zu ihnen gehören saprohage Arten (Silphiden, Histeriden, Staphyliniden, Musciden, Sarcophagiden, Calliphoriden u. a.), Arten, die faulendes Pflanzengewebe befallen, entomophage Arten wie Ameisen sowie mycetophage, phycophage, entomophage parasitische und harpactophage Arten. Zum Beispiel ist Skatol ein Attraktant für *Geotrupes* (Warnke 1931), *Necrophorus* (Dethier 1947), viele Dipteren wie *Musca domestica* L. und andere. Für manche Holzschädlinge steht die Attraktion zum Wirt offenbar im Zusammenhang mit der Pilzflora, die sich in den Stämmen ansiedelt. Zum Beispiel wirkt Holz, das durch Infektion mit dem Pilz *Lenzites trabea* Pers. ex. Fr. teilweise zerfallen ist, attraktiv auf *Reticulitermes flavipes* (Kollar), *R. virginicus* Banks und *Nasutitermes columbicus* (Holmgren) (Esenther et al. 1961; Watanabe and Casida 1963; Smythe et al. 1965).

Für die Attraktion von Schmeißfliegen (*Lucilia* spp.) zu Schafen besitzen organische Schwefelverbindungen, Schwefelwasserstoff und andere Verbindungen, die beim Verfall von Wollkeratin entstehen, Bedeutung (Cragg and Thurston 1950; Cragg and Cole 1956; Cragg 1956 u. a.).

Besonderes Interesse wird in zahlreichen Arbeiten der Anlockung blutsaugender Insekten zum Menschen gewidmet. Wahrscheinlich sind für ihre Attraktion zur Nahrungsquelle viele Faktoren wie Wärme, Feuchtigkeit, Körpergeruch, visuelle Stimuli verantwortlich, deren relative Bedeutung gemäß den Umständen variiert (Brown 1956; Peters 1956; Rahm 1956, 1957, 1958; Gouck and Gilbert 1962 u. a.). Für *Aedes*- und *Anopheles*-Arten spielen Geruchsstoffe offenbar eine vorrangige Rolle, die teils als Bestandteil des Schweißes, teils als durch die Haut diffundierende Blutbestandteile (Lysin) betrachtet werden (SCHAERFENBERG and KUPKA 1959; BROWN and CARMICHAEL 1961 a, b u. a.). Das vom Wirt ausgeschiedene Kohlendioxyd wirkt wohl weniger als Attraktant, sondern vielmehr als Aktivator (PETERS 1956).

KLINGLER (1957, 1958, 1959) weist nach, daß sich eine Reihe bodenbewohnender Arten (Larven von *Otiorrhynchus sulcatus F.*, *Agriotes*, *Melolontha*, Collembolen, Nematoden) beim Auffinden der Wurzeln der Wirtspflanzen nach dem von den Wurzeln ausgeschiedenen Kohlendioxyd orientiert. Die weite Verbreitung dieses Attraktants steht mit der Polyphagie vieler Bodenformen in gutem Einklang.

Obwohl die sinnesphysiologischen und biochemischen Grundlagen der Wirtsspezialisation der Insekten noch weitgehend der Klärung bedürfen, lassen die oben angeführten Untersuchungsergebnisse erkennen, daß der olfaktorische Sinn mit seiner phänomenalen Sensitivität im Befallsverhalten vieler Arten eine nicht unbedeutende Rolle spielt. Im Gegensatz zu visuellen und akkustischen Stimuli, die durch Frequenz und Amplitude charakterisiert sind, schließen die Stimuli der Olfaktion im wesentlichen die Spezifität der chemischen Reaktivität ein. Bemühungen, zwischen den chemischen und physikalischen Eigenschaften der Reize und ihrer Wirksamkeit auf die Chemorezeptoren überschaubare Beziehungen aufzufinden, sind stets auf erhebliche Schwierigkeiten gestoßen. Die anatomischen Vorbedingungen für isolierte Reizung und elektrische Ableitung der Erregung sind bei den Geruchsrezeptoren weit ungünstiger als bei den Organen des Geschmackssinnes, weshalb sich die vorhandenen Erkenntnisse im wesentlichen auf letztere konzentrieren (HOFFMANN 1961). Auch genauere Analysen duftgelenkten Verhaltens liegen bis jetzt nur für einige wenige Beispiele — wie *Bombyx mori* (L.) (SCHWINCK 1954, 1955, 1958), *Drosophila melanogaster* Mg. (BARROWS 1907; FLÜGGE 1934; REED 1938; OTTO 1949) und *Geotrupes* (WARNKE 1931; OTTO 1949; STEINER 1953) vor.

Aus einer Reihe Beobachtungen und Untersuchungen ist bekannt, daß auch synthetisch gewonnene Substanzen Attraktanz und/oder Repellenz gegenüber Insekten aufweisen können. Einmal handelt es sich dabei um Stoffe, die als gleiche oder verwandte chemische Verbindungen auch im natürlichen Milieu des Insektes für Eiablage, Fraß, Kopulation oder sogar in mehreren Funktionskreisen Orientierungswert besitzen. So erweist sich zum Beispiel die synthetisierte optisch inaktive Form des Sexualattraktants von *Porthetria dispar* ebenso attraktiv wie das natürliche Isomer (JACOBSON et al. 1961). Andererseits aber kann in zahlreichen Fällen synthetischer oder auch aus natürlichen Quellen stammender Substanzen keine Beziehung zur Biologie des betreffenden Insektes gefunden werden. Warum die Mittelmeerfruchtfliege *Ceratitis capitata* Wied. von Benzol, Naphtha und Kerosin angelockt wird (SEVERIN and SEVERIN 1914a, b) und warum hochsiedende Fraktionen von Petroleumöl auf die Weibchen der Chironomide *Forcipomyia* sp. attraktiv wirken (AHMAD 1934), ist unbekannt. Eine auffällige Wirkungsbreite, besonders auf Holzschädlinge, hat das Stoff-

gemisch Teeröl. Es wirkt anlockend auf *Ergates faber* L., *Cerambyx cerdo* L. sowie verschiedene Scolytiden- und Platypodiden-Arten (Becker 1962).
In manchen Fällen kann man annehmen, daß synthetisierte Verbindungen von ähnlicher Beschaffenheit sind wie noch nicht erkannte natürliche Reaktionsauslöser. Die Wirkung gewisser Stoffe wie der synthetischen Fruchtfliegenattraktants (Gertler et al. 1958; Hinckley 1964) auf nur ein Geschlecht läßt deren Beziehung zu den natürlichen Sexualattraktants vermuten. Synthetische Fruchtfliegenköder wurden entwickelt, als das zur Kontrolle von *Ceratitis capitata* dienende Angelikasaatöl (Steiner et al. 1957) aufgebraucht war (Gertler et al. 1958; Beroza et al. 1961, 1964; Hinckley 1964). Ausgehend von einem 5 Jahre vorher synthetisierten Moskito-Repellent entstanden durch Veresterungen eine Reihe strukturell ähnlicher attraktiver Verbindungen, deren wirksamste Siglure (Sec-butyl-6-methyl-3-cyclohexen-1-carboxylat), Medlure (Sec-butyl-4-(od. 5)-chlor-2-methylcyclohexan-carboxylat) und Trimedlure (Tert-butyl-4 (od. 5)-chlor-2-methylcyclohexan-carboxylat) sind. Sie erweisen sich auch für andere Schädlinge unter den Trypetiden, insbesondere *Dacus*-Arten, attraktiv und werden in ausgedehntem Maße im praktischen Pflanzenschutz angewendet (Beroza 1960; Beroza et al. 1960, 1961; Alexander et al. 1962; Hinckley 1964 u. a.).
Die Tatsache, daß strukturell verwandte chemische Verbindungen beim gleichen Insekt ähnliche Reaktionen verursachen können, läßt annehmen, daß bestimmte Struktureinheiten über die Erregungsvorgänge im Rezeptor und im Nervenzentrum bestimmte Reaktionsweisen auslösen. Der fundamentale Mechanismus der Attraktanz und Repellenz ist bislang unbekannt, offenbar aber spielt die chemische Struktur einer Verbindung eine größere Rolle als ihr vom Menschen wahrgenommener Geruch (Hall et al. 1957). Die Männchen der *Dacus*-Arten besitzen beispielsweise eine große Fähigkeit, Dialkoxybenzene aufzufinden. Sie werden speziell von aromatischen Molekülen angezogen, die eine oder mehrere Methoxygruppen enthalten, obwohl die verschiedenen Methoxybenzene für menschliche Wahrnehmung einen unterschiedlichen Geruch besitzen. Watanabe and Casida (1963) zeigen, daß Materialien, die das Propenyl- oder Styryl-Radikal enthalten, attraktiv auf *Reticulitermes flavipes* (Kollar) wirken.
Die Suche nach synthetischen Insektenrepellents begann mit zufälligen Tests. Als strukturelle Führer entdeckt waren und verwandte Verbindungen synthetisiert wurden, erhielt man einen höheren Prozentsatz biologisch aktiver Verbindungen als bei Testung eines zufälligen Sortiments (Peters 1956; Hall et al. 1957). Repellent-Strukturtypen sind zum Beispiel: N,N-Diäthyl-m-toluamid, N-Butylacetanilid, 2-Äthyl-1, 3-hexandiol, 2-Butyl-2-äthyl-1, 3-propandiol, Dimethylcarbat, Propylmandelat und Propyl-N,N-diäthylsuccinamat. Die Repellenz der Tolymaleimide gegenüber *Aedes aegypti* (L.) hängt nach Alexander and Beroza (1963) stark von der Position der Methylgruppe am aromatischen Ring ab. Travis et al. (1949) weisen durch Testung zahlreicher Verbindungen gegenüber *Aedes aegypti* nach, daß Repellents bevorzugt in den chemischen Klassen der Amide, Imide, Ester Laktone, Acetale usw. auftreten.

Synthetische Repellents spielen in erster Linie bei der Bekämpfung von Mücken, Flöhen, Zecken, anderen blutsaugenden Insekten, Schmeißfliegen und anderen Hygieneschädlingen von medizinischer und tiermedizinischer Bedeutung eine Rolle (BUNKER and HIRSCHFELDER 1925; DOVE 1945; TRAVIS et al. 1949; APPLEWHITE and SMITH 1950; TRAVIS 1950; KING 1951; SMITH and GILBERT 1953; SMITH et al. 1954, 1960; ALTMAN and SMITH 1955; GOUCK and GILBERT 1955, 1960, 1962; GILBERT et al. 1955, 1957; DETHIER 1956; PETERS 1956; GOUCK et al. 1957; AMBROSE 1959; LABRECQUE and WILSON 1959; GOODHUE and HOWELL 1960; KALMUS and HOCKING 1960; BAKER 1962; GERTLER et al. 1962; ALEXANDER and BEROZA 1963; MULLA 1963 u. a.).

Neben der eigentlichen Wirkung der Repellents zur Fernhaltung der Insekten ist vor allem ihre Wirkungsdauer Gegenstand der Forschung (PETERS 1956). Im Pflanzenschutz verdient außerdem die Phytotoxizität vieler potentieller Repellents Beachtung, während diese beim Gebrauch von Attraktants auf Grund der geringen Anwendungskonzentrationen meist kaum eine Rolle spielen dürfte. Durch phytotoxische Effekte wird zum Beispiel die Anwendung des für zahlreiche Insekten, unter anderem die Narzissenfliege, repellenten Naphthalins vereitelt (DOWNES 1935). Auch der Einsatz vieler Bienenrepellents wie Phenol, Karbolsäure, Methylbenzoat, o-Nitrophenol, Camphen und anderer, wird durch phytotoxische Auswirkungen unmöglich (STUTE 1957; LAERE und GILLARD 1959 u. a.).

Als Vorratsschutzmittel verdienen vor allem die Schabenrepellents Erwähnung, denen in Hinsicht auf die zunehmende Insektizidresistenz einiger Schabenarten steigende Bedeutung zukommt (FRINGS 1948; GOODHUE and LINNARD 1952; BURDEN et al. 1959; BURDEN and EASTIN 1960; GOODHUE 1960 u. a.). Repellenteigenschaften gegen Schaben besitzen zum Beispiel tert-Butylsulfenyl-dimethyldithiocarbamat, 2-Hydroxyäthyloctylsulfid, Octylpropylsulfoxyd, Di-n-Butylsuccinat u. a. Die Behandlung von Verpackungsmaterial mit N-Pentylphthalimid verleiht diesem Repellenz gegen *Tribolium* spp. (SWANK et al. 1957). Als Termitenrepellents mit langer Wirkungsdauer erweisen sich Pentachlorphenol und Ferrieisen-Dimethyldithiocarbamat (WOLCOTT 1949).

Butadien-Furfurol copolymer zeigt Repellenz gegenüber Ceratitis capitata (FIELDS et al. 1955). Nach CHAMBERLAIN (1954) verdient Terpentin als Repellent gegen *Heliothis* sp. weitere Beachtung. Im Laborexperiment wirken Paradichlorbenzol, Methylpentanon und Camphen auf die Blattlaus *Macrosiphum pisi* (Harris) (THOMAS and CHAMBERLAIN 1959) abschreckend. Kampfer, Camphen, Paradichlorbenzol, Acetophenon und Sassafrasöl zeigen im Olfaktometer Repellenz gegen *Lygus lineolaris* (P. de B.), *Apis mellifera* L., *Spissistilus festinus* (Say), *Hypera nigrirostris* (F.) und *H. meles Fab.* (CHAMBERLAIN 1956, 1959).

Die Wirkungsbreite der Attraktants und Repellents variiert von Fall zu Fall stark. Im allgemeinen wirken Attraktants spezifischer und ihre Wirkungsbreite ist sicher in Beziehung zu ökologischen Gemeinsamkeiten der betroffenen Arten zu bringen (zum Beispiel Fruchtfliegenattraktants). Aber auch das Verhalten gegenüber einem bestimmten Repellent kann selbst bei nahe verwandten Arten

sehr unterschiedlich sein, und ebensogroße Unterschiede existieren bei der Wirkung verschiedener Repellents auf eine bestimmte Insektenart (PETERS 1956). In den letzten Jahren häufen sich Beobachtungen darüber, daß auch bei Pflanzenschutzmitteln Attraktiv- und Repellenteffekte auftreten (s. unten) Das Fehlen einer Korrelation zwischen Toxizität und Repellenz wird von LOEFFLER and HOSKINS (1946) an Larven von *Lucilia sericata*, von CHAMBERLAIN and HOSKINS (1949) an *Zootermopsis angusticollis* und *Z. nevadensis*, von SARKARIA and BROWN (1951) an *Aedes aegypti*, von DICKE et al. (1952) an Hausfliegen, von HADAWAY and BARLOW (1953) an *A. stephensi* und von ROGOFF (1952) an Thripsen nachgewiesen. Die Ausbringung chemischer Mittel durch den Menschen schafft für die Insekten — schädliche wie nützliche und indifferente Arten — neue Milieufaktoren, die neue Orientierungsreaktionen bedingen können. Die Nichtbeachtung der von der toxischen Wirkung der Präparate unabhängigen Attraktiv- und Repellenteffekte kann zu schweren Fehlschlägen bei Bekämpfungsaktionen führen. Wie bei allen Orientierungsreaktionen ist auch das Verhalten des Insektes gegenüber einem Pflanzenschutzmittel als Ergebnis der Wechselwirkung zweier Faktorengruppen zu betrachten (GODAN 1959). Das Präparat einerseits übt Einfluß aus durch Gasphase, Konzentration, Applikationsmethode, Rückstandsmenge und die Eigenschaften seiner Beimischungen wie Emulgator, Lösungsmittel usw. Der wesentliche Anteil des Insektes besteht in der Artspezifität der Reaktion sowie deren Beeinflussung durch Metamorphosestadium, Alter, Entwicklungs- und Ernährungszustand, Geschlecht, ökologische Faktoren, Reaktionsstimmung, Gewöhnung an das Insektizid und Beeinflussung der Larve durch subletal begiftete Nahrung.
Das praktische Problem der Attraktanz und Repellenz ist im wesentlichen ein Verhaltensproblem unter dem Gesichtspunkt, eine normale chemosensorische Reaktion zu verändern oder zu unterbrechen. KALMUS and HOCKING (1960) legen am Beispiel weiblicher Mücken dar, daß die Verhaltensketten an mehreren Stellen und in mannigfacher Weise unterbrechbar sind. Außenfaktoren können den Ausfall bestimmter Reizreaktionen bewirken und Verhaltensumstimmungen hervorrufen.
Mit der Möglichkeit, durch Attraktants und Repellents lenkend in die Orientierungsabläufe der Insekten einzugreifen, ist dem Pflanzenschutz ein wertvolles Mittel in die Hand gegeben. Auch Attraktiv- und Repellenteffekte bei Pflanzenschutzmitteln können — wenn erkannt und berücksichtigt — dem Bekämpfungsverfahren zum Vorteil gereichen.

2. Prüftechniken für Insekten-Attraktants und -Repellents: Vergleich bisheriger Methoden und Entwicklung eines Labor-Schnelltests

2.1 Freilanduntersuchungen

2.1.1. *Bisher gebräuchliche Methoden*

Zur Darstellung von Attraktiv- und Repellentwirkungen natürlich vorkommender oder synthetisierter Chemikalien bzw. Chemikaliengemische im Freiland gibt es 3 Möglichkeiten:

a) Anwendung der Testsubstanz auf den Wirt (Pflanze bzw. Pflanzenbestände, Tier oder Mensch) oder Teile von diesem. Das Ausmaß von Fraß oder Eiablage im Vergleich zu unbehandelten Kontrollobjekten dient zur Kennzeichnung der Wirkung.

b) Auslegen von Ködern, deren Besuch registriert wird.

c) Ausbringung beköderter Fallen, die angelockte Insekten durch geeignete Formgestaltung, Fangflüssigkeiten, Klebtafeln oder Giftbeimischungen festhalten. Die Wirkung einer Substanz wird durch Vergleich mit unbeköderten Fallen oder Fallen mit Standardköder bestimmt.

Bei den unter a) einzuordnenden Methoden ist die nicht exakt erfaßtbare natürliche Lockwirkung des behandelten Objektes in den Test einbezogen. Ihre Verstärkung oder Abschwächung wird geprüft. Die Fälle b) und c) verlangen vom Insekt ein Abgehen von seinen natürlichen Gewohnheiten und unterliegen dem Einfluß der Konkurrenz natürlicher Lockquellen. Durch Anwendung der a)-Methoden können sowohl Attraktiv- als auch Repellenteffekte dargestellt werden, sie dienen jedoch vorwiegend der Repellent-Prüfung. Die Methoden b) und c) werden zur Untersuchung von Lockwirkungen verwendet, obwohl durch Kombination eines bekannten Attraktivstoffes mit dem auf Repellenz zu prüfenden Stoff auch Repellentwirkungen darstellbar sind. Auf diese Weise wurde methodisch unbeabsichtigt die Repellenz einiger den Lockfallen zur Abtötung angelockter Insekten beigegebener Insektizide entdeckt (siehe unter Abschnitt 3).

Bei der Anwendung der Testsubstanz auf das Objekt bedient man sich im Prüfverfahren für phytophage Insekten der gleichen Methoden der Materialanwendung wie bei den Insektiziden. Die Ergebnisse sind im wesentlichen qualitativ; die wirksame Konzentration kann nicht genau bestimmt werden. METZGER and GRANT (1932) testen Extrakte befallsimmuner Pflanzen auf Repellenz gegenüber dem Japankäfer (*Popillia japonica* Newm.) durch Aufspritzen auf Obstbäume und Zählen der angeflogenen Käfer im Vergleich zu mit Wasser besprühten Bäumen. STEINER et al. (1961) untersuchen die Wirkung von Proteinhydrolysat-Insektizid-Sprühungen auf Fruchtfliegen durch Behandlung der zu schützenden Kulturen. Die Attraktanz bzw. Repellenz von Insektizidbestandteilen gegenüber dem Japankäfer (*Popillia japonica* Newm.) wird von FOSTER (1955) durch Ausbringen der Substanzen auf Maisparzellen geprüft. CHAMBERLAIN (1954) benutzt den Maisfeldtest zur Auffindung von Repellents gegen *Heliothis*. BLUNCK (1938a, b) führt seine Versuche mit Maikäferrepellents durch Behandlung der Parzellen aus. Zu prüfende Lockstoffe für Borkenkäfer werden von ADLUNG (1958, 1960) auf die Stämme gespritzt. Unbehandelte Stämme oder Rindenpartien dienen bei Probeschälungen als Kontrolle.

Auch bei der Suche nach Bienenrepellents bedient man sich dieser Methode. Die zu prüfenden Repellents werden auf Futterquellen in der Nähe des Bienenstockes und auf die Bienenweide ausgebracht (STUTE 1957; JOHANSEN 1960; WOODROW et al. 1965 u. a.).

Besondere Bedeutung besitzt die Methode für die Prüfung von Repellents gegen blutsaugende Insekten an Mensch und Tier sowie andere Gesundheitsschädlinge wie *Musca-* und *Lucilia*-Arten (FRYER et al. 1948; CRAGG 1949; SMITH and BURNETT 1949; APPLEWHITE and SMITH 1950; APPLEWHITE and CROSS 1951; GOODWIN et al. 1952; ALTMAN and SMITH 1955; FALES et al. 1961; GERTLER et al. 1962 u. a.). Die Behandlung erfolgt auf einen Teil des Objektes, so einen Unterarm oder ein Bein der Versuchsperson, den Kopf der Rinder, deren eine Körperhälfte oder auf den ganzen Körper der Tiere. Bei der Prüfung von Moskito-Repellents kann auch die Kleidung behandelt werden.

Während im Bereich der Hygiene die Methodik der Anwendung auf das Objekt eine hervorragende Rolle spielt, tritt sie im Pflanzenschutz gegenüber anderen Methoden zurück und dient häufig nur zu deren Ergänzung. Es sei jedoch auf ihren Wert und ihre Notwendigkeit als abschließendes und ergänzendes Prüfverfahren vor dem praktischen Einsatz eines Mittels hingewiesen.

Das Auslegen von Ködern hat sich besonders bei der Testung von Attraktants für im oder auf dem Boden lebende Insekten bewährt. GODAN (1961) untersucht auf diese Weise Eiweißköder für Maulwurfsgrillen (*Gryllotalpa gryllotalpa* L.). Nach ROEMER et al. (1952) kann diese Methode zur Anlockung von *Agriotes* -Larven durch Rüben, Möhren, Salat und Kartoffelschalen dienen. Die Wirksamkeit von Kleie-Insektizid-Ködern wird von CAYROL (1962) mit Larven von *Agrotis ypsilon* (Hfn.) getestet. ECKSTEIN (1931) legt Fleisch, Zucker, Honig für Ameisen, Rüben- und Kartoffelstücken für Drahtwürmer, halbierte Zwiebeln für Zwiebelfliegen aus. Feldversuche mit künstlichen Ködern für *Agriotes*-Larven führen THORPE et al. (1947) durch. Toxische Ölköder für die Ameise *Solenopsis saevissima richteri* Forel werden auf die gleiche Weise getestet (LOFGREN et al. 1963; SPRINGER et al. 1964 u. a.). Fangrinden, -knüppel und -kloben, bestrichen mit Terpentinöl, dienen als Köder für *Hylobius abietis* L. (ECKSTEIN 1931; SORAUER 1939 u. a.), Stücke des Pseudostammes der Banane als Köder für den Bananenrüßler (*Cosmopolites sordidus* Germ.) (SIMMONDS 1959). WEST (1961) testet Attraktants für *Drosophila*-Arten und *Musca domestica* L. in Form einer Köderpaste durch Vermischung mit Torf und Luzernemehl. Duftplatten finden in Dressurversuchen mit Bienen Gebrauch (FRISCH 1921). Untersuchungen mit Giftködern sind weiterhin in vielen Ländern für die Heuschreckenbekämpfung von Bedeutung (KÖHLER 1939; HYNES 1953).

Die Bedeutung des Gebrauches frei ausgelegter Köder für Testzwecke ist beschränkt. Einmal ist die Methode nur für eine begrenzte Zahl von Insektenarten verwendbar, zum anderen ist die Bewertung der Lockwirkung in vielen Fällen nicht exakt, da die Insekten den Köder auch wieder verlassen können. Wie die angeführten Beispiele zeigen, dient die Methode fast ausschließlich zur Prüfung der Attraktivität von Pflanzenteilen oder natürlich vorkommenden Substanzen.

Der Verwendung von Lockfallen kommt unter den Freilandtestmethoden für Attraktants, die im Pflanzenschutz bisher eine größere Rolle als Repellents spielen, die größte Bedeutung zu. Für die verschiedenen Insektenarten bzw.

-gruppen sind unterschiedliche Fallenformen aus Metall, Holz, Pappkarton, Glas und Plaste im Gebrauch. Als einfachster Typ sind wohl die Ködergläser oder -flaschen zu betrachten, in denen sich als Lockmittel beispielsweise gärende Flüssigkeiten befinden, die gleichzeitig die Insekten zurückhalten, also als Fangflüssigkeit dienen. Ködergläser mit Tresterwein, Essig und Zucker werden zur Anlockung von *Clysia ambiguella* Hb. und *Polychrosis botrana* Schff. verwendet (Götz 1939 b). Barnes et al. (1954) hängen auf der Suche nach wirksamen Attraktants für den Weinschädling *Harrisina brillians* B. & McD. (Lep.) wassergefüllte Eimer aus, die das zu prüfende Mittel enthalten.
Eine Verbesserung dieses Typs stellt die Ergänzung des Behälters durch einen trichterförmigen Eingang dar, der das Entweichen angelockter Insekten erschwert. Dieser Typ ist für Fruchtfliegen verbreitet. So dienen zum Beispiel invaginierte Glasfallen zur Anlockung von *Dacus dorsalis* Hendel (GOW 1954), *Anastrepha ludens* (Loew) (Mc Phail 1937; Lopez 1963), *Ceratitis capitata* Wied. und anderen Arten. Ikeda (1958e) verwendet invaginierte Glasfallen zur Prüfung von Repellents gegen *Musca domestica vicina, Muscina stabulans, Fannia canicularis, Anthomyia* spp., *Sarcophaga* spp., *Calliphora* spp., *Lucilia caesar* und *L. sericata*. Die Fallen enthalten Fischinnereien als Köder und stehen auf mit dem Repellent behandelten Filtrierpapier. Sehr geeignet für Fruchtfliegen erweist sich auch eine zylinderförmige Plastfalle mit trichterartigen Öffnungen an beiden Seiten, die horizontal aufgehängt wird und in der sich der Attraktivstoff auf saugfähigem Material sowie ein Insektizid zur Abtötung gefangener Fliegen befinden (Steiner 1957).
Zylinderförmige Fallen, deren Wände zur besseren Ausbreitung des Duftstoffes aus Moskitonetz bestehen, benutzen Cragg and Ramage (1945), Cragg and Thurston (1950) u. a. zur Testung attraktiver Materialien für *Lucilia*-Arten. In ähnlicher Weise verwendet Wiesmann (1957) eine durch einen Holzrahmen gespannte Drahtgaze-Falle mit reusenartigen Eintrittsstellen zur Prüfung der Sexuallockstoffe von *Prodenia litura* F. Unsere Kenntnisse über die Lockwirkung der Sexualduftstoffe basieren zum überwiegenden Teil auf Untersuchungen mit Lockfallen. Eine kastenförmige Falle mit Trichter und einem Behälter für das Attraktant gebraucht Adlung (1964) zur Prüfung der Wirkung des synthetischen Sexuallockstoffes Gyplure auf *Lymantria dispar* L. und *L. monacha* L. Holbrook et al. (1960) verwenden für *Porthetria dispar* L. (= *Lymantria dispar* L.) eine zylinderförmige Metallfalle mit trichterförmigem Eingang. Häufig dienen zum Fang durch Sexualattraktants angelockter Schmetterlings-Männchen Klebflächen, an denen kleine Käfige mit den Weibchen oder Behälter mit Weibchen-Extrakten befestigt sind (Collins and Potts 1932; Hanno 1939; Nolte 1940; Götz 1939 a, b, u. a.). Zum Testen von Attraktants und zu praktischen Zwecken dient die aufhängbare zylinderförmige Graham-Falle für *Porthetria dispar* L. mit einseitiger Öffnung und innerem Klebebelag, in welcher der Köderverteiler hängt (Burgess 1950). Götz (1951) arbeitet mit einer Klebflächen enthaltenden Fanguhr, die den tageszeitlichen Anflug der Schmetterlingsmännchen zur Lockquelle registriert. Kastenförmige Lockfallen mit Weibchen oder Extrakten

finden zur Bestimmung der Wirkung des weiblichen Sexualduftstoffes auf die Männchen von *Diprion similis* (Htg.) (Hym.) Verwendung (COPPEL et al. 1960).

Die meisten Fliegenfallen sind kästchen- oder zylinderförmig (DODGE 1960). Der Gebrauch von Insektiziden zur Abtötung gefangener Fliegen scheint sich neuerdings durchzusetzen. OATMAN (1964) verwendet allerdings auch für *Rhagoletis pomonella* (Walsh.) eine Klebbrettfalle. BARNES and OSBORN (1958) benutzen zur Anlockung von *Rhagoletis completa* Cresson einen einseitig offenen Zylinder, der innen mit Klebstoff bestrichen ist.

Zahlreiche Fallenformen werden für den Japankäfer (*Popillia japonica* Newm.) benutzt (DETHIER 1947; FOSTER 1955 u. a.), die je nach Fangbehälter (meist zylinderförmig), Witterungsschutz und Lockstoffbehälter variieren und aufgehängt werden. Auch mit *Carpocapsa pomonella* (L.), *Grapholita molesta* Busk., *Protoparce sexta* (Johannson) und *Amphimallon majalis* Raz. werden Untersuchungen durch Einbeziehung verschiedener Lockfallentypen durchgeführt (DETHIER 1947; LEEUWEN 1948; TASHIRO and FLEMING 1954 u. a.).

Zur Anlockung von Staphyliniden konstruiert GOTTSCHALK (1958) eine Bodenfalle mit Fangflüssigkeit. Eine gläserne Bodenfalle, bestehend aus Fangglas und eingeschmolzenem Duftbehälter (umgekehrtes mit Poren versehenes Reagenzglas), verwendet GEILER (1955) zur Anlockung verschiedener Insektenarten. Auch LEGNER and DAVIS (1962) lassen zur Köderung von *Forficula auricularia* L. Gläser in den Boden ein. GÖRNITZ (1957) lockt mit seiner sogenannten Lockröhrenfalle, die aus einem flachen Behälter für die Fangflüssigkeit, einem den Duftstoff enthaltenden Röhrchen und Wetterschutz besteht, erfolgreich Cruciferenschädlinge an.

In einigen Fällen, insbesondere bei den Untersuchungen mit Sexualattraktants und Fruchtfliegenködern sowie den Standard-Attraktants für den Japankäfer, wirken die mit Lockfallen gewonnenen Ergebnisse eindeutig und überzeugend. Manche Autoren beobachten jedoch starke Differenzen zwischen den Wiederholungen von Fallen-Experimenten, Abweichungen vom gleichgerichteten Laborexperiment bis zu völlig regellosem Verhalten der anzulockenden Insekten. BROWN et al. (1961) stellen bei der Testung von Hausfliegenködern mit verschiedenen Methoden die größten Unregelmäßigkeiten der Ergebnisse im Fallentest fest. FOSTER (1955) versucht ergebnislos, Attraktiv- und Repellenteffekte von Insektizidbestandteilen mit Japankäferfallen zu bestimmen. Auch GÖRNITZ (1953) spricht von der geringen Sicherheit seiner mit Lockschalen erzielten Ergebnisse. MAYER (1957) weist auf die Unsicherheit des Fallentests hin. ARMITAGE (1959) warnt davor, die Grenzen der Brauchbarkeit des Lockfallentests zu übersehen. DOW (1959) versucht in Experimenten mit *Culex tarsalis* Coq. und *Hippelatus pusio* Loew. eine Einschränkung der Variationen, die durch Unterschiede in der Plazierung zu vergleichender Fallen bzw. Attraktants entstehen, durch langsame Rotation der Fallen um einen zentralen Punkt zu erzielen, ohne damit das Problem endgültig zu lösen.

Die Vielzahl der für diese Unsicherheit verantwortlichen Faktoren soll weiter unten in einer abschließenden Betrachtung über den Wert der Lockfallenmethode für Testzwecke erläutert werden. Um ein eigenes Bild über die Verwendbarkeit der Methode zu gewinnen, wurden in den Jahren 1963 und 1964 Lockfallenexperimente mit Substanzen unbekannter und bekannter Wirkung durchgeführt. Dabei erfolgte gleichzeitig die Beobachtung zweier wesentlicher und bisher wenig beachteter Faktoren, die das Lockergebnis variieren können, nämlich der Positionseffekte der Fallen hinsichtlich ihres Abstandes vom Erdboden und ihrer Annäherung an natürliche Lockquellen.

2.1.2. *Experimente mit Lockfallen*

2.1.2.1. Material und Methodik

Im Jahre 1963 wurden verschiedene chemische Substanzen, darunter vier Schädlingsbekämpfungsmittel, in insgesamt 240 Fallen (120 Bodenfallen, 120 Ständerfallen) über einen Zeitraum vom 2.5. bis 19.10. auf Feldern der Ortschaften Cröbern (Kreis Leipzig), Wiesenena (Kreis Delitzsch), Torgau, Bad Düben und Hof (Kreis Oschatz) ausgesetzt und ein- bis zweimal wöchentlich auf Insektenfang kontrolliert. Boden- und Ständerfallen waren paarweise angeordnet (Abstand 4 m). Die Insektizide wurden willkürlich ausgewählt. Bei den übrigen Stoffen handelte es sich um solche, die in der Literatur bereits als Attraktants Erwähnung finden, doch war das Ziel dieser Experimente — außer beim Allylsenföl — nicht die Anlockung bestimmter Arten. Die Chemikalien wurden unvoreingenommen dem Spektrum der Insektenarten eines Ökosystems geboten, um so den Wert der Methode für die Erkennung von Attraktants zu kennzeichnen. Von den Schädlingsbekämpfungsmitteln waren das Akarizid Fekama S 59 (Chlorfenson) auf Wintergerste, die Insektizide Flibol E (Trichlorphon) an der Grenze zwischen Klee und Erbsen und Wotexit (Trichlorphon) auf Rüben, Bi 58 (Dimethoat) auf Weizen ausgebracht. Von den übrigen Stoffen standen Allylamin auf Kartoffel, Allylsenföl auf Raps, Getreide (Gemisch Roggen, Gerste, Hafer) sowie an den Grenzen zwischen Raps und Kartoffel und zwischen Raps und Luzerne, Salicylaldehyd auf Luzerne, ein Gemisch von Allylsenföl und Salicylaldehyd an der Grenze zwischen Raps und Luzerne, Ammoniumcarbonat auf Rüben, Benzaldehyd auf Kartoffel und Kohlrabi, Kumarin auf Rotklee und Rüben, Dibenzyläther auf Getreide (Gemisch Roggen, Gerste, Hafer) und Furfurol auf Luzerne.

Im Jahre 1964 wurden in der Zeit vom 28.4. bis 1.9. auf den Feldern der LPG Lindenthal bei Leipzig 20 Ständer- und 40 Bodenfallen aufgestellt und zweimal wöchentlich kontrolliert. Mit dem Ziel, die Wirkung eines alkoholischen Extraktes aus den Blättern der Zuckerrübe und des Spinats (Mischung 1:1), den beiden Hauptwirtspflanzen der Rübenfliege (*Pegomyia hyoscyami* Panz.), zu überprüfen, enthielten Fallen beiden Typs diesen Extrakt auf einem Rübenfeld und einem Sommergerstefeld (vorjähriges Rübenfeld). Außerdem wurden

Wotexit auf Rüben und Sommergerste, Oktandiol techn. auf Sommergerste, Flibol E und Salicylaldehyd auf Rotklee ausgesetzt.
Um die Attraktivwirkung mit Allylsenföl beköderter Fallen auf *Meligethes* spp. an verschiedenen Standorten zu überprüfen und die Konkurrenzstärke natürlicher Lockquellen (Rapsfeld) zu untersuchen, wurden im Bereich der LPG Merkwitz, Kreis Leipzig, im Jahre 1964 Fallen am Winterquartier der Rapsglanzkäfer, auf einem Winterrapsfeld und auf einem benachbarten Winterroggenfeld ausgesetzt. Als Winterquartier-Standort wählten wir den von Gras (1952) beschriebenen Überwinterungshang in einem Wäldchen bei Seegeritz (Merkwitz benachbart), an dem wir durch Nachgrabungen und Bodenaufschwemmungen die Anwesenheit der Käfer feststellten. Da aus den Untersuchungen des Vorjahres die Bevorzugung der Ständerfallen durch *Meligethes* hervorging, beschränkten wir uns auf diese (geschlossener Typ). Um die Fängigkeit der Fallen zu verbessern, verwendeten wir gelbe Deckel. Zur Kontrolle des Auftretens der Käfer wurden an jedem der 3 Standorte 2 Gelbschalen aufgestellt, die mit der gleichen Fangflüssigkeit versehen waren wie die Fallen.
Nach Müller (1941) sind die 3 Hauptphasen der Massenbewegung der Rapsglanzkäfer im Frühjahr temperaturabhängig. Die Räumung der Winterquartiere erfolgt bei 9 °C Lufttemperatur, die Ausbreitung im Walde bei 12 °C und der Zuflug zu den Ölfruchtschlägen bei 15 °C.
Zur Bestimmung des geeigneten Zeitpunktes der Fallenaufstellung verfolgten wir den Temperaturverlauf. Vom 15.4. bis 23.4. sanken die Lufttemperaturen (Tagesmittel) nicht mehr unter 9 °C, während die Maxima ab 10.4. diese Grenze überschritten. Ab 17. 4. überstiegen die mittleren Bodentemperaturen in 5 cm Tiefe 9 °C. Am 16.4. stellten wir die Fallen an den genannten Standorten auf. Damit wurde der Zeitpunkt erfaßt, an dem die Rapsglanzkäfer das Winterlager verließen, die Ausbreitung im Walde begann, Zuflüge zu den Feldern aber nur vereinzelt erfolgten. Der Raps blühte noch nicht.
Die Aufstellung der Lockfallen erfolgte

1. unmittelbar am Überwinterungshang;
2. parallel zum Überwinterungshang in einem Abstand von 10 m;
3. inmitten eines Winterrapsfeldes am Fuchsberg;
4. auf einem benachbarten Winterroggenfeld, das von dem Rapsfeld durch eine Hecke getrennt war;
   a) in 15 m Abstand vom Rapsfeld;
   b) in in 30 m Abstand vom Rapsfeld;
   c) in 50 m Abstand vom Rapsfeld.

Die Fallen wurden täglich kontrolliert, am Winterquartier am 6.5. und auf den Feldern am 2.6. eingezogen.
Alle Versuche wurden als Blockanlage mit zufälliger Verteilung der Versuchseinheiten und 4 Wiederholungen durchgeführt. Der Abstand der einzelnen Fallen voneinander betrug 4 m. Die Kontrollfallen enthielten statt des Lockmittels Wasser.

Für die Untersuchungen benutzten wir folgende Fallenformen:

a) Bodenfallen (B-Fallen) (Abb. 1):

Als Bodenfallen dienten geruchlose rotbraune Dosen aus PVC mit übergreifendem Deckel, der einen guten Witterungsschutz bot. Die 16 cm hohen Dosen mit 8 cm Durchmesser waren im oberen Teil in gleichmäßigen Abständen mit drei kreisförmigen Eintrittsöffnungen (Durchmesser 2,5 cm) versehen. Bis zum unteren

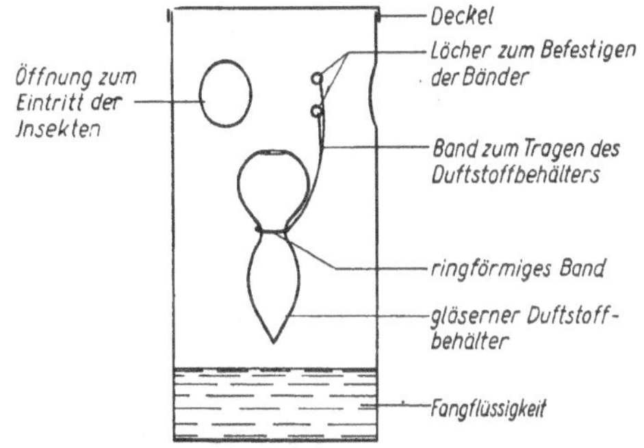

Abb. 1. Bodenfalle

Rand dieser Löcher wurde die Falle in den Boden eingelassen. Den Deckel bedeckten wir mit Erde, so daß optische Reize weitgehend ausschieden. Der in der Falle hängende gläserne Duftstoffbehälter war dreiseitig mit Dederonband an der Wand der Dose befestigt. Diese Fallenform erwies sich als sehr brauchbar und wetterbeständig. Bei der Fallenkontrolle wurde der Duftstoffbehälter herausgenommen und die Fangflüssigkeit durch ein Sieb gegossen, aus dem dann die Insekten entnommen werden konnten.

b) Ständerfallen (A-Fallen):

Im Jahre 1963 diente als zweite Fallenform eine Modifikation der von GÖRNITZ (1956) entwickelten Lockröhrenfalle, die für zahlreiche Insektenarten geeignet erscheint. Die Fallen wurden jedoch nicht wie bei GÖRNITZ unmittelbar über der Erdoberfläche angebracht, sondern mit einem Stiel aus PVC versehen, dessen Länge zwischen 60 und 140 cm variierbar war. Dadurch war eine Anpassung des Fallenabstandes vom Erdboden an die Höhe des jeweiligen Pflanzenbestandes, abhängig von der Art des Bestandes und seinem Wachstumszustand, gewährleistet (Abb. 2a und b). Am oberen Ende des Ständers befand sich eine rotbraune Plastschale (Durchmesser 10,5 cm, Höhe 3 cm), in deren Mitte eine Glasröhre (1 cm Durchmesser) als Duftstoffbehälter und Träger für den Wetterschutz (Frostschutzhaube) versenkbar befestigt war. Diese Röhre besaß unmittelbar über dem Spiegel der in der Plastschale befindlichen Fangflüssigkeit eine Öffnung (Durchmesser 0,5 cm) zum Austritt der Gasphase des Duftstoffes. Oben war sie durch ein Plasthütchen verschlossen. Bei der Kontrolle der Fallen wurde die Glasröhre mit dem Wetterschutz abgehoben, und die Insekten wurden aus der Plastschale entnommen oder mit der Fangflüssigkeit auf ein Sieb gegossen.

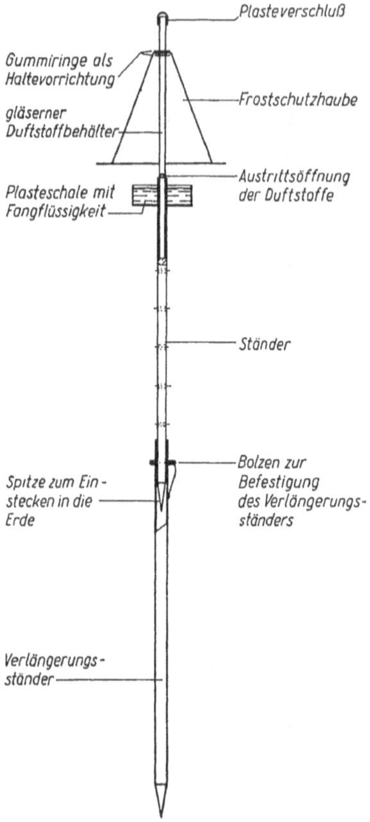

Abb. 2a. Ständerfalle, modifiziert nach GÖRNITZ (1956)

Abb. 2b. Ständerfalle

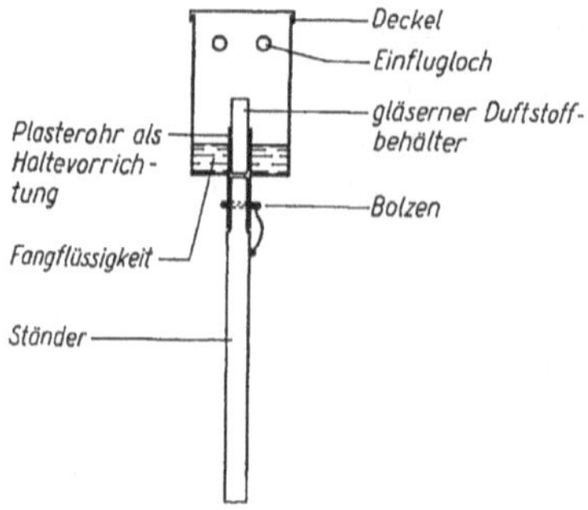

Abb. 3. Geschlossene Ständerfalle

Da die beschriebene Falle extremen Witterungsbedingungen, denen langfristige Versuche ausgesetzt sind, nicht gewachsen war (Verdunstung der Fangflüssigkeit bei starker Erwärmung, Überlaufen der Fangflüssigkeit bei Regen und Wind), wurde 1964 eine weitere Fallenform benutzt, bei der der Stiel einen geschlossenen Behälter trug (Abb. 3). Dieser bestand aus undurchsichtigem grauen PVC (Durchmesser 11 cm, Höhe 17,5 cm) und trug einen durchscheinenden übergreifenden Deckel. In einer Entfernung von 2,5 cm vom oberen Rand befanden sich in gleichmäßigen Abständen 4 Einfluglöcher (Durchmesser 2 cm). Der Duftstoffbehälter, ein einfaches Glasröhrchen, wurde auf den Boden der Falle in eine Plaströhre gesetzt. Die Fallenkontrolle erfolgte durch Abnehmen vom Ständer (Bolzenbefestigung) und Ausschütten der Fangflüssigkeit durch ein Sieb.
Als Fangflüssigkeit für alle Fallenformen diente ein Gemisch aus gleichen Teilen Äthylenglykol und Wasser, dem 0,2% eines Netzmittels (Dispersal) zugesetzt waren.

2.1.2.2. Ergebnisse

Durch Auszählen der Fallenfänge konnten folgende Anhaltspunkte für Lockwirkungen gewonnen werden:

1. Wotexit

Der polyphage Schädling *Phorbia* (*Delia*) *platura* Meig. (Dipt.) flog auf einem Rübenfeld bei Cröbern den mit 0,2%igem Wotexit beschickten Fallen zahlreich zu und fing sich vorzugsweise in Bodenfallen (Eiablage findet an die Stengel, unteren Blätter, Wurzeln oder frei in die Erde statt), die deshalb zur Auswertung herangezogen wurden. In der Zeit vom 11.5. bis 31.8. 1963 betrug die Gesamtzahl der in Lock- und Kontrollfallen gefangenen Fliegen 3686 mit einem Verhältnis von Lock- zu Kontrollfängen von 1,4:1. Diese relativ schwache Differenz kann zu Täuschungen führen, wenn man die starken Schwankungen unterworfenen Fänge nicht analysiert. So betrug in der Zeit vom 11.5. — 15.5. bei insgesamt 366 gefangenen Fliegen das Verhältnis Lockfänge (L): Kontrollfänge (K) = 1,8:1 und vom 20.5. — 27.5. bei 152 Fliegen (Übergang zu Abkühlung und Regen) L:K = 99,3:1, womit die Lockwirkung von Wotexit deutlich in Erscheinung trat. Es wurden dabei vorwiegend Weibchen angelockt. In anderen Zeitabschnitten dagegen waren die Differenzen zwischen L und K geringer oder verschwanden ganz, obwohl zahlreiche Fliegen gefangen wurden. Das Beispiel demonstriert die Unsicherheit kurzzeitiger Lockergebnisse. Die Wiederholung des Experimentes 1964 auf einem anderen Rübenfeld und einem Sommergerstefeld lieferte keine entsprechenden Ergebnisse, obwohl auf dem Feld *Phorbia platura* anwesend war.

2. Flibol E

Die Fangergebnisse geben Anhaltspunkte für eine Attraktivwirkung von 1%igem Flibol E auf *Sitona flavescens* Mrsh. An der Grenze zwischen einem Rotklee- und einem Erbsenfeld bei Hof wurden in Bodenfallen vom 5.6. — 10.7. 1963 insgesamt 142 Käfer dieser Art gefangen. L:K verhielt sich wie 3:1. Die Fänge verteilten sich sehr unregelmäßig auf die einzelnen Wiederholungen, und mitunter hatte nur eine Lockfalle eine größere Anzahl Tiere gefangen, während die übrigen Fallen leer blieben. Manchmal überstieg auch der Fang einer Kontrollfalle die Fänge in den Lockfallen. Eine statistische Sicherung ist bei solcher Irregularität nicht zu erwarten, und das Ergebnis ist mit Skepsis aufzunehmen. Die Wiederholung des Experimentes 1964 auf einem anderen Rotkleefeld brachte keine entsprechenden Ergebnisse.

3. Salicylaldehyd

In Versuchen mit 0,2%igem Salicyclaldehyd in Wasser wurden vom 7.5. bis 3.8. 1963 auf einem Luzernefeld in Cröbern 715 *Exolygus rugulipennis* Poppius (Hem.) gefangen. L:K = 4,3:1, was Anlockung wahrscheinlich macht. Aus ungeklärten Gründen konzentrierten sich die Fänge in den Lockfallen stets auf nur 1 bis 2 von 4 Wiederholungen. Die Bevorzugung der A-Fallen ist durch die Lebensweise der Art an oberirdischen Pflanzenteilen erklärlich. In den B-Fallen trat vom 20.5. bis 7.6. eine größere Anzahl (398) *Philonthus* sp. (Col., Staph.) auf, doch überwogen die Fänge in den Kontrollfallen diejenigen in den Lockfallen um ein geringes.

4. Benzaldehyd

Auf einem Kohlrabifeld in Hof zeigten Fallenfänge mit Benzaldehyd in der Zeit vom 22.5. bis 10.7. die in der Tab. 1 aufgeführten Ergebnisse.

TABELLE 1:
Fallenfänge mit Benzaldehyd

Art	Fallenform	Fänge in L+K	L:K
Meligethes spp.	A	293	1,9:1
eine Phoriden-Art (Dipt.) . .	A	2137	1,1:1
Thysanopteren	A	127	1,7:1
Bourletiella hortensis Fitch. . . (Collembola, Sminth.)	B	1893	0,8:1
Bourletiella hortensis	A	131	131 :0

Obwohl die in der Tab. 1 angeführte Phoriden-Art in großer Individuenzahl gefangen wurde, läßt das Fangergebnis keinen Schluß auf eine Attraktivwirkung zu. Sowohl hohe Populationsdichte einer Art als auch Individuenansammlungen durch Lockwirkung der Fallengruppe und für die Art ungenügenden Fallenabstand können bei entsprechender Aktivität der Tiere zu allgemein gehäuften Fängen führen.

Urinsekten fangen sich auf Grund ihrer Lebensgewohnheiten vorwiegend in Bodenfallen. Das Fangergebnis der B-Fallen läßt jedoch trotz hoher Fangzahlen keinen Schluß auf eine Attraktivwirkung zu. Auffällig ist jedoch, daß in den A-Fallen, zu denen offenbar eine zielgerichtete Wanderung erforderlich war, nur in Lockfallen Fänge zu verzeichnen sind. Hier liegt ein Fall vor, bei dem gerade eine den Lebensgewohnheiten entsprechende Fallenaufstellung — wahrscheinlich auf Grund hoher Populationsdichte — das Fangergebnis verschleiert. Demgegenüber lassen die Fänge in den A-Fallen auf eine Attraktivwirkung schließen. Die Thysanopteren und *Meligethes*-Arten sind offensichtlich zufällig in die Fallen geraten.

5. Cumarin

In der Zeit vom 11.5. bis 29.5. wurde auf einem Rotkleefeld in Wiesenena *Phorbia platura* (Meigen) in 191 Exemplaren und einem Verhältnis von L:K = 2,1:1 in A-Fallen gefangen. In den Bodenfallen fingen sich dagegen bei einer insgesamt geringeren Anzahl mehr Fliegen in den K-Fallen. Bei den Wotexit-Bodenfallen-Fängen steht die Attraktivität offenbar in Beziehung zur Eiablage. Cumarin entbehrt wahrscheinlich dieser Beziehung. Vielleicht stellt es, wie von *Sitona* bekannt ist (THORSTEINSON 1960), lediglich einen Landereiz für fliegende Insekten dar, wodurch die zahlreichen Fänge in den A-Fallen zu erklären wären. Hier zeichnet sich also ein Fall ab, bei dem für die gleiche Insektenart augenscheinlich in Abhängigkeit von der Testsubstanz und ihrem Wert für bestimmte Funktionskreise des Insektes unterschiedliche Fallenplazierung zur Erzielung aussagekräftiger Ergebnisse notwendig ist.

6. In den Fallen mit alkoholischem Rübenblätter-Spinatblätter-Extrakt traten *Pegomyia hyoscyami* Panz., *Phorbia platura* Meig., *Phorbia pullula* Zett. und *Eumerus strigatus* Fall. so irregulär auf, daß eine Lockwirkung nicht nachweisbar war. Auch die Untersuchungen mit Fekama S 59, Bi 58, Allylamin, dem Gemisch Allylsenföl — Salicylaldehyd, Ammoniumkarbonat, Dibenzyläther, Furfurol und Oktandiol techn. lieferten keine Lockergebnisse. Es bleibt offen, ob hierbei der Fallentest versagte oder tatsächlich keine Lockwirkung vorlag, was von dem für viele Fliegen attraktiven Ammoniumkarbonat kaum angenommen werden kann.

7. Allylsenföl

Besondere Aufmerksamkeit wurde der bekannten Attraktivwirkung von Allylsenföl auf *Meligethes* spp. (GÖRNITZ 1956, 1957) gewidmet. *Meligethes*-Arten fingen sich vorwiegend in A-Fallen (Befall der Knospen und Blüten), die deshalb zur Auswertung dienten. In Cröbern wurden in der Zeit vom 2.5. bis 27.5. inmitten eines Rapsfeldes 265 *Meligethes* spp. gefangen; das Verhältnis L:K betrug 1,1:1. Eine Lockwirkung war also scheinbar nicht vorhanden. Entsprechende Experimente vom 16.5. (Raps bereits in Blüte) bis 25.6. in Bad Düben ergaben bei 275 gefangenen *Meligethes* ein Verhältnis von L:K = 1,4:1, also auch keinen deutlichen Nachweis der Lockwirkung. (Am 25.5. war das Rapsfeld in Bad Düben mit Melipax (Toxaphen) gespritzt worden (Flugzeugeinsatz), wonach die Fänge rapid absanken; von 275 gefangenen *Meligethes* fingen sich nur 30 in dem längeren Zeitraum nach der Besprühung). Die Ergebnisse zeigen, daß die Konkurrenz der natürlichen Lockquelle „Rapsfeld" so stark ist, daß die Lockwirkung der beköderten Fallen nicht oder kaum zur Geltung kommt. Deutliche

Attraktivwirkung des Allylsenföls war jedoch bei Fallenaufstellung in einem Getreidefeld (Gemisch Roggen, Gerste, Hafer) in Bad Düben nachweisbar, von dem das nächste Rapsfeld mehrere Kilometer entfernt lag. In der Zeit vom 16.5. bis 25.6. wurden hier 310 *Meligethes* spp. mit einem Verhältnis von L:K = 22,2:1 gefangen.

Kohlfliegen (*Phorbia brassicae Bouché*) fingen sich sowohl in B- als auch in A-Fallen, stärker in letzteren (Tab. 2).

TABELLE 2:
Kohlfliegen-Fänge in Senföl-Fallen

Zeit	Bestand	Ort	A-Fallen		B-Fallen	
			Gesamtzahl	L:K	Gesamtzahl	L:K
2.5.–27.5.	Raps	Cröbern	207	3:1	95	4,2:1
16.5.–25.6.	Getreide	Bad Düben	422	7,1:1	207	2,8:1

In allen Fällen wird die Lockwirkung des Allylsenföls kenntlich, obwohl auch bei den Fängen in den A-Fallen die Beeinträchtigung derAttraktivwirkung durch den Konkurrenzeinfluß des Rapsfeldes deutlich wird. Die geringeren Fänge durch Bodenfallen in Getreide kann man durch die Beschaffenheit des dichten Bestandes, dem eigene Attraktivität fehlt und der die A-Fallen sicher vorrangig zur Geltung kommen läßt, erklären.

Eine verbreitete räuberisch lebende Staphyliniden-Art, *Philonthus fuscipennis* Mnnh., wurde ebenfalls durch Allylsenföl angelockt. Auf einem Winterrapsfeld in Cröbern fingen sich in der Zeit vom 30.8. bis 23.9. insgesamt 182 Exemplare in einem überzeugenden Verhältnis von L:K = 60:1. Eine andere, weniger häufige, saprophag lebende Staphyliniden-Art, *Oxytelus insecatus* Gr., wurde auf dem Getreideschlag in Bad Düben in der Zeit vom 16.5. bis 25.6. in 117 Exemplaren und einem Verhältnis von L:K = 9:1 gefangen. Die bodennahe Lebensweise beider Arten erklärt die Fänge in den B-Fallen. Im Jahre 1964 wurde durch Allylsenföl-Fallen auf einem Rapsfeld die saprophag lebende Staphyliniden-Art *Oxytelus tetracarinatus* Block in 138 Exemplaren mit einem Verhältnis L:K = 2,1:1 gefangen. Die Fänge konzentrierten sich auf die Zeit vom 16.4.—22.4. und erfolgten in A-Fallen (B-Fallen wurden nicht ausgesetzt).

Um die Konkurrenzwirkung natürlicher Lockquellen bei Fallenexperimenten besser zu charakterisieren, führten wir 1964 die oben beschriebenen vergleichenden Lockversuche mit Allylsenföl an verschiedenen Standorten durch. Am 16.4. 1964 wurden in den Gelbschalen am Winterquartier der Rapsglanzkäfer 179, auf dem Rapsfeld 11, auf dem Roggenfeld 72 *Meligethes* gezählt. In den Lockfallen befand sich jedoch nur auf dem Roggenfeld in 50 m Abstand vom Raps ein einziger *Meligethes*. Die Farblockwirkung der Gelbschalen ist an allen Standorten und zu allen Zeiten größer als die Attraktivwirkung von Allylsenföl. Besonders dominierend aber ist sie während der Zeit der Ausbreitung der Käfer im Walde, wenn das Orientierungsverhalten der Käfer auf die Blütenfarbe der

Frühjahrsblüher abgestimmt ist. Die Tab. 3 gibt die Anzahl der vom 16.4. bis 6.5. gefangenen Käfer wieder.

TABELLE 3:
Meligethes-Fänge in Senföl-Fallen vom 16.4. – 6.5.

Standort	Anzahl *Meligethes*		
	L	K	Gelb-schalen
Winterquartier			
Hang	49	25	
10 m Abstand . .	3	2	825
Rapsfeld	23	3	577
Roggenfeld			
15 m Abstand . .	141	30	
30 m Abstand . .	57	12	588
50 m Abstand . .	46	6	

In der Gesamtfangzeit wurden die aus Tab. 4 ersichtlichen Resultate gewonnen.

TABELLE 4:
Meligethes-Fänge in Senföl-Fallen vom 16.4. – 2.6.

Standort	Anzahl *Meligethes*		
	L	K	L:K
Winterquartier			
Hang	49	25	2 :1
10 m Abstand . .	3	2	–
Rapsfeld	40	17	2,4:1
Roggenfeld			
15 m Abstand . .	277	54	5,1:1
30 m Abstand . .	76	16	4,8:1
50 m Abstand . .	83	22	3,8:1

An allen Standorten übertrafen die Fänge in den Lockfallen die der Kontrollfallen. Die Lockwirkung des Allylsenföls war also erkennbar, obwohl diese sicher nur einen Teilfaktor in einem Reizkomplex darstellt, in dem auch optische Reize eine bedeutende Rolle zu spielen scheinen. Die große Bedeutung der Geruchsreize wird jedoch daraus ersichtlich, daß trotz der einheitlich gelben Deckel aller Fallen die Lockfallen den Kontrollfallen vorgezogen werden. Rapspflanzen enthalten ein Gemisch verschiedener Senföle mit optimalem Attraktivwert, wodurch sich der Anteil der olfaktorischen Attraktion am Orientierungsgeschehen erhöhen dürfte.

Der Vergleich der Fänge vom Rapsfeld und vom benachbarten Roggenfeld läßt erkennen, daß bei der Verwendung von Lockfallen die günstigsten Lockergebnisse nicht auf der unter Beobachtung stehenden Kultur selbst zu erzielen sind, sondern in einem gewissen, nicht zu großen Abstand (im Experiment 15 m) von dieser. Auf dem Bestand selbst tritt die Konkurrenz der optimalen natürlichen

Lockquellen zu stark in Erscheinung. In nicht zu großer Entfernung vom Bestand ist jedoch die Populationsdichte noch genügend hoch, um gute Fangergebnisse zu erzielen. Diese Verhältnisse sind für praktische Belange, insbesondere bei Fallenaufstellung für Prognose- und Warnzwecke, von großer Bedeutung, da ihre Nichtbeachtung zu erheblichen Fehleinschätzungen des tatsächlichen Schädlingsauftretens führen kann.

Ähnliche Verhältnisse spiegeln die Fangergebnisse von Kohlfliegen wieder (Tab. 5).

TABELLE 5:
Kohlfliegen-Fänge in Senföl-Fallen

Standort	Anzahl gefangener Kohlfliegen		
	L	K	L:K
Rapsfeld	133	31	4,3:1
Roggenfeld			
15 m Abstand	255	42	6,1:1
30 m Abstand	139	33	4,2:1
50 m Abstand	281	18	15,6:1

Auch bei den Kohlfliegenfängen liegen die Fangzahlen bei 15 m Abstand vom Rapsfeld höher als auf dem Rapsfeld selbst. Im Gegensatz zu den *Meligethes*-Fängen liegt das Fangverhältnis bei gleichen Totalfangzahlen in der größten Entfernung vom Rapsfeld, wo der natürliche Konkurrenzeinfluß am geringsten ist, jedoch günstiger als in 15 m Abstand.

Die Angaben zeigen, daß der Abstand der Fallen zu natürlichen Lockquellen ihre Lockwirkung beeinflußt. Zu geringer Abstand kann vorhandene Attraktanz ausschalten. Außerdem übt die Art und Weise der Aufstellung von Lockfallen am gewählten Standort entscheidenden Einfluß auf die Erkennung von Attraktiveffekten aus. Bestimmte Insektenarten bevorzugen die A- oder B-Fallen, andere kommen in beiden Typen vor. Die Präferenz steht offenbar in Korrelation zur Lebensweise. Fliegen, die ihre Eier in Bodennähe ablegen und für die diese Tatsache Orientierungswert besitzt, werden bei dem lenkenden Einfluß von Duftstoffen in der Regel Bodenfallen den A-Fallen vorziehen, im Extremfall letztere vollkommen unbeachtet lassen. In Abhängigkeit von der Lebensweise ist es leicht erklärlich, daß bodenbewohnende Arten wie Carabiden, Formiciden, Dermapteren, Dryiniden, Collembolen und andere vorwiegend oder fast ausschließlich in Bodenfallen anzutreffen sind. Auch Staphyliniden (zum Beispiel *Philonthus*-Arten) und Curculioniden (zum Beispiel *Sitona*-Arten) bevorzugen Bodenfallen. Ebenso erklärlich ist es, daß die meisten Fliegen- und Hymenopterenarten in A-Fallen auftreten. Aus dem allgemeinen Gruppenschema können jedoch einzelne Arten herausfallen und ein eigenes Verhalten zeigen, das in Beziehung zur Biologie des betreffenden Insektes, zu den Eiablage-, Fraß- und Kopulationsgewohnheiten steht. So ist zum Beispiel *Phorbia platura* vorwiegend in B-Fallen zu finden. Die *Meligethes*-Fänge konzentrieren sich dagegen auf A-

Fallen. Auch *Exolygus rugulipennis* tritt nur in A-Fallen auf (Lebensweise an oberirdischen Pflanzenteilen).

Die Orientierung eines Insektes nach einer bestimmten Fallenaufstellung (zum Beispiel bodennah oder bodenfern) in Abhängigkeit von seiner Lebensweise darf jedoch nicht zu schematisiert betrachtet werden. Wie die Reaktionen von *Phorbia platura* auf Wotexit und Cumarin und von *Phorbia brassicae* auf Allylsenföl zeigen, gewinnen die Art des Lockstoffes und die Beschaffenheit des Aufstellungsortes (Pflanzenbestandes) Einfluß auf das Wahlverhalten. Auch andere Faktoren, wie UV-Reflektion vom Boden, Windverhältnisse usw. mögen die Ergebnisse variieren.

2.1.3. *Einschätzung der Brauchbarkeit von Lockfallen für die Ermittlung von Attraktiveffekten*

Daß erwartete Attraktivwirkungen auch bei einem genügenden Individuenbestand der anzulockenden Insektenart nicht immer zur Geltung kommen, ist eine nicht selten beobachtete Erscheinung. Die Wirkung von Attraktiv- und Repellentstoffen ändert sich mit den ökologischen Bedingungen, unter denen sie zur Anwendung gelangen. Ungünstige Witterungs-, Lichtverhältnisse und dergleichen können zum Ausfall der erwarteten Reaktionen führen. So konnte zum Beispiel die Birkenblattlaus *Euceraphis punctipennis* Zett. in einem Jahr durch Propionaldehyd angelockt werden, während früher und später die Wirkung ausblieb (Mayer 1957). Die Attraktion von Wotexit auf *Phorbia platura* Meig. und die mögliche Attraktion von Flibol E auf *Sitona flavescens* Mrsh. in unseren im Jahre 1963 durchgeführten Experimenten waren unter ähnlichen ökologischen Bedingungen im Jahre 1964 nicht reproduzierbar. Bei Substanzen unbekannter Wirkung ist in solchen Fällen die Entscheidung schwierig, ob keine Attraktivität (bzw. Repellenz) vorliegt oder die Reaktion auf Grund ungeeigneter Umweltbedingungen ausbleibt.

Für die starke Variabilität der Ergebnisse von Lockfallen-Experimenten ist eine Vielzahl von Umweltfaktoren verantwortlich. Die verschiedenen Reizqualitäten verflechten sich zu einem die Reaktion des Insektes bestimmenden Reizfeld, in das sich im Experiment die Lockfalle nicht nur als Faktor „chemischer Reiz", sondern mit all ihren Begleitfaktoren wie Farbe, Form, Exposition usw. eingliedert. Der am stärksten beachtete Begleitfaktor der chemischen Attraktion ist die Reizwirkung von Farben. So kann zum Beispiel die Fangwirkung von Senfölködern für *Phyllotreta*-Arten durch Farbreize verbessert werden, sofern sich die Fallen außerhalb der Kulturpflanzenbestände befinden (Görnitz 1956). Auch für den Schwammspinner (*Porthetria dispar* L.) besitzt die Farbe von Lockfallen große Bedeutung (Holbrook et al. 1960). Auf *Amphimallon majalis* Raz. wirken weiße Fallen am wenigsten, schwarze und rote am stärksten attraktiv (Tashiro and Fleming 1954). Eine Beeinflussung des Lockergebnisses durch die Fallenform wird bei der Attraktion von *Ceratitis capitata* Wied. beobachtet. Die zu wählende Reizkombination richtet sich nach den Lebensgewohnheiten des

Schädlings, deren Kenntnis eine wesentliche Voraussetzung für den wirkungsvollen Einsatz von Köderfallen ist.

Wesentlichen Einfluß auf das Reaktionsgeschehen der Insekten gegenüber Attraktionsquellen nehmen, wie oben dargelegt wurde, die Art und Weise der Exposition der Fallen und die Wahl eines geeigneten Standortes. Das Reizfeld ist sowohl in der Vertikalen als auch in der Horizontalen tiefgreifenden Veränderungen ausgesetzt. Die Art des Bodenbewuchses und klimatische Faktoren spielen dabei eine wichtige Rolle (Mayer 1961). Neben den Lockfallen existieren im Freiland stets natürliche Lockquellen, deren Reizwert meist höher liegt als der künstlich ausgebrachter Köder. Nach Whittington et al. (1942) verlieren Köderfallen für den Japankäfer (*Popillia japonica*) in unmittelbarer Nähe von Pflanzenbeständen an Wirkung; ein Abstand von 4 m muß eingehalten werden. Dennoch ist die Zahl der gefangenen Käfer in der Nähe bevorzugter Wirtspflanzen wie Rosen erhöht. Nach Hodson (1948) fangen Fallen in nichttragenden Bäumen weniger *Rhagoletis pomonella* (Walsh.) als in solchen mit Früchten. Unsere Untersuchungen über die Lockwirkung von Allylsenfölfallen auf *Meligethes*-Arten und *Phorbia brassicae* (Bouché) zeigen, daß die Konkurrenzwirkung natürlicher Lockquellen die Fangergebnisse stark variiert und eine Lockwirkung verschleiern kann.

Eine weitere Schwierigkeit für Lockfallentests stellt bei unbekannter Wirkung die Wahl einer optimalen Konzentration des Duftstoffes dar. Mitunter treten sowohl in Lockfallen als auch in Kontrollfallen eines Versuchsblockes zahlreiche Insekten einer Art auf, ohne daß eine Bevorzugung der Lockfallen nachzuweisen ist. Diese Erscheinung kann durch Zufallsfänge auf Grund hoher Populationsdichte erklärt werden, andererseits kann aber auch ein Repellenteffekt in unmittelbarer Nähe des in zu hoher Konzentration vorliegenden Attraktivstoffes (besonders bei synthetischen Attraktants) die Fänge in den Lockfallen vermindern. Die in ihrer Erregung gesteigerten Insekten können dann gleichermaßen auch in die Kontrollfallen geraten. In unseren Lockversuchen mit Allylsenföl beobachteten wir, daß sich hunderte Insekten der Gattung *Phyllotreta* in der Umgebung der Fallen ansammelten, die Fallen selbst aber mieden. Sie verblieben im attraktiven Bereich des Konzentrationsgefälles. Will man einen größeren Konzentrationsbereich des Prüfstoffes durch Testen mehrerer Konzentrationen erfassen, so steigt im Fallenexperiment der damit verbundene Arbeits- und Zeitaufwand erheblich.

Zu den Unsicherheitsfaktoren des Freilandexperiments gehören auch Populationsschwankungen. Den „inneren" Faktoren des Insektes wie Geschlecht, Metamorphosestadium, Entwicklungszustand, stoffliche Beeinflussung der Jugendstadien, tageszeitlicher Rhythmus, Reaktionsstimmung (z.B. Hunger) usw. hat man im Laborexperiment ebenso zu begegnen, doch sind diese im Labor leichter kontrollierbar und dem wechselnden Einfluß ökologischer Faktoren weitgehend entzogen.

Die Faktorenkombination, die im natürlichen Milieu die Lebensgemeinschaften und die Reaktionen jedes ihrer Glieder auf Umweltreize formt und bestimmt, ist im allgemeinen so komplex, daß die Wirkung eines einzelnen Faktors nur schwierig exakt erkannt werden kann. Das gilt ganz besonders für sinnesphysiologische Untersuchungen. Die Ergebnisse von Freilandexperimenten mit Lockstoffen (und auch Repellents) sind weitaus größeren Schwankungen ausgesetzt als die mit Labormethoden gewonnenen Ergebnisse. Außerdem erfordern Freilanduntersuchungen einen weit höheren Zeit-, Arbeits- und Materialaufwand. Das gilt vor allen Dingen auch deshalb, weil mangels genügender Kenntnisse gewisser Grundprinzipien der Chemorezeption (wie der Beziehungen zwischen der chemischen Struktur einer Verbindung und ihrer Wirkung auf das Tier im Hinblick auf die Auslösung einer bestimmten Reaktion) wirksame Attraktants oder Repellents meist nur durch langwierige Untersuchungen mit zahlreichen Verbindungen gefunden werden können. Unsere Experimente in den Jahren 1963 und 1964 zeigen, daß aus einer ein- oder zweimaligen Kontrolle der Fallen in den meisten Fällen noch keine Schlüsse auf die Wirkung des zu prüfenden Mittels gezogen werden können. Erst Beobachtungen über mehrere Wochen lassen bei Substanzen unbekannter Wirkung zuverlässigere Anhaltspunkte gewinnen. Tägliche Fallenkontrolle liefert dabei die sichersten Resultate. Hinzu kommen solche Arbeiten wie Erneuerung des Duftstoffes, der Fangflüssigkeit bzw. Klebflächen usw.

Aus den angeführten Gründen ist für sinnesphysiologische Reihenuntersuchungen mit Schädlingsbekämpfungsmitteln einer Labormethode, die einzelne Faktoren aus dem Komplex herauszulösen und ihre Wirkung darzustellen vermag, der Vorzug zu geben. Erst nachdem im Labor eine gesicherte und zeitsparende Selektion wirksamer Mittel getroffen worden ist, soll deren Einsatzfähigkeit unter Feldbedingungen geprüft werden. Eine geeignete Labormethode hat darüber hinaus den Vorteil exakterer Quantitätsangaben und schließt in einem Arbeitsgang die Feststellung von Attraktanz, Indifferenz oder Repellenz ein.

2.2. Laboruntersuchungen

2.2.1. *Literaturübersicht der Labormethoden zur Erkennung von Attraktiv- und Repellenteffekten*

Eine Vielzahl von Labormethoden mit unterschiedlichem Aussagewert steht zur Testung attraktiver und repellenter Wirkungen auf Insekten zur Verfügung. Zur Erzielung vergleichbarer Resultate kann auf eine Standardisierung der Methoden für bestimmte abzugrenzende Zwecke nicht verzichtet werden. Um einen Überblick über die Möglichkeiten der Prüfung von Attraktants und Repellents zu gewinnen und unter diesen ein für die Darstellung von Attraktiv- und Repellenteffekten bei Pflanzenschutzmitteln geeignetes Prinzip auszuwählen, wird im folgenden eine Literaturübersicht gegeben. Dabei wird versucht, die verfügbaren Methoden, basierend auf bestimmten Grundprinzipien, mit all ihren Modifikationen in 5 Kategorien einzuordnen.

2.2.1.1. Fraßtests

Der Fraßtest ist wahrscheinlich die älteste Methode zur Prüfung von Insektenattraktants und -repellents. Das zu untersuchende Mittel wird auf den Wirt des Insektes, Fraßstoffe oder Imitationen angewandt. Als Index der Attraktivität bzw. Repellenz dienen die Menge des gefressenen Futters und das Verhalten der Insekten im Vergleich zur unbehandelten Kontrolle. Der Fraßtest läßt im allgemeinen keinen Entscheid darüber zu, ob eine Kontakt- oder Fernwirkung des zu prüfenden Chemikals vorliegt. In klassischer Weise wird diese Technik von VERSCHAFFELT (1910) mit seinen Experimenten über die mit dem Fraß von Pieris-Larven verbundenen Duftstoffe eingeführt. Er zeigt, daß Nichtwirte gefressen werden können, wenn man sie mit in den Wirtspflanzen enthaltenen Chemikalien behandelt. Beim Studium der spezifischen Attraktants im Futter von Lepidopteren-Larven wird die „Fraß"-Technik wiederholt angewendet (MORGAN and CRUMB 1928; DETHIER 1941 u.a.). Sie dient auch Untersuchungen mit anderen blattfressenden Insekten, so mit dem mexikanischen Bohnenkäfer, *Epilachna varivestis* Muls. (WOODBURY 1943), wobei die Attraktivstoffe auf Filterpapier, Paraffin oder andere geeignete Substrate gesprüht werden. Die Menge des konsumierten Substrates dient als Index der Attraktivität. MAJOR and TIETZ (1962) führen Fraßtests mit dem Japankäfer (*Popillia japonica* Newm.) an mit Preßsäften von Wirtspflanzenblättern bestrichenen Ginkgo-Blättern durch. In Untersuchungen über die Nahrungswahl des Kartoffelkäfers (*Leptinotarsa decemlineata* L.) verwendet JERMY (1958) die von LANGENBUCH (1952) entwickelte „Sandwich"-Methode hinsichtlich der Verzehrbarkeit der Blattscheiben verschiedener Pflanzen. Die verzehrte Fläche wird geschätzt. Arrestants und Fraßstimulants für den Baumwollschädling *Anthonomus grandis* Boheman werden durch Imprägnation von Agar-Stücken mit Pflanzenextrakten geprüft (MAXWELL et al. 1963 a). NEFF and VANDERZANT (1963) untersuchen die Reaktion der gleichen Art auf verschiedene Teile der Baumwollpflanze, indem sie die Käfer 6 bis 7 Stunden mit den betreffenden Teilen im Dunkeln (Metallbüchse) halten. Zur Untersuchung der Wirkung von Deterrents gegen *Scolytus multistriatus* Mrsh. werden den Käfern in Käfigen behandelte Zweigstücke vorgelegt. Als Bewertungsmaßstab dienen die Anzahl der Käfer in jedem Zweig und das Volumen der gefressenen Borke (TOUHEY and BRAY 1961). Repellents gegen Blattläuse (*Myzus persicae* Sulz., *Aphis fabae* Scop.) kann man durch deren Anwendung auf abgeschnittene Blätter und Topfpflanzen erkennen (BREMER 1959). Bei der Prüfung von Termiten-Repellents werden Holzproben mit dem Testchemikal getränkt und über bestimmte Zeiträume in abgedunkelten Behältern (wie Petrischalen) mit den Termiten gehalten. WOLCOTT (1949) experimentiert mit *Kalotermes* (*Cryptotermes*) *brevis* Walker. Ähnliche Fraßtests finden mit *Reticulitermes flavipes* (Koll.) statt (SHEPARD 1960). CHAMBERLAIN and HOSKINS (1949) sperren dagegen *Zootermopsis angusticollis* (Hagen) und *Z. nevadensis* (Hagen) über behandeltem Papier ein und bewerten das Vermögen der Termiten, das Papier zu durchdringen. Bei der Prüfung von Bienenrepellents werden den Bienen in Versuchskästen aus Futterkelchen einmal Zuckerlösungen, zum anderen Zuckerlösungen mit Repellents geboten (STUTE 1957). In Untersuchungen über die Lockwirkung der Methylester der Leinölfettsäuren auf *Ips typographus* und *Ips sexdentatus* Boerner bringt ein Auftropfen des Lockstoffes zusammen mit Glukose- oder Saccharoselösung auf Filtrierpapier nach ADLUNG (1958) bessere Ergebnisse als die Verwendung eines Olfaktometers. Die gleiche Methode benutzt DÄSSLER (1958) für *Hylobius abietis* L.

Die Überprüfung von Attraktiv- und Repellenteffekten bei Pestiziden kann ebenfalls nach dem Fraßtest erfolgen. ROGOFF (1952) sperrt jeweils 35 Thripse (*Heliothrips haemorrhoidalis* (Bouché)) über der Scheibe eines Avocado-Blattes ein, dessen eine Hälfte er vorher mit einem Insektizid behandelte. Nach 1 Stunde wird die Verteilung der Thripse als Kriterium der Repellenz gewertet. Bei der Untersuchung der Reaktion von Drahtwürmern (*Melanotus communis* Gyll.) auf mit organischen Insektiziden behandeltes Saatgut kennzeichnen LONG and LILLY (1958) die Testinsekten mit radioaktivem Cobalt 60, wodurch deren Bewegung verfolgt werden kann. Zur Feststellung von Attraktiv- und Repellenteffekten bei den organischen Phosphorpräparaten E 605 f und Exodin sowie dem systemischen Insektizid Systox auf verschiedene Insekten (Raupen von *Bombyx mori* L., Nymphen und Imagines von *Dysdercus fasciatus* Sign., *Gryllotalpa vulgaris* Latr., *Acanthoscelides obtectus* Say., *Calandra granaria* L., *Ceratitis capitata* Wied. und *Drosophila melanogaster* Mg.) gebraucht GODAN (1959) neben einem Y-Olfaktometer Versuchsschalen, in denen die Tiere zwischen behandeltem und unbehandeltem Futter oder zwischen behandeltem und mit Wasser getränktem Fließpapier zu wählen haben. Die Prüfung einer durch Carbamate induzierten systemischen Repellenz von Baumwollpflanzen gegen *Anthonomus grandis* Boheman erfolgt durch Einkäfigen der Insekten mit behandelten und unbehandelten Pflanzen und Kontrolle nach 24 und 48 Stunden (MATTESON and TAFT 1963; MATTESON et al. 1963). Wahlversuche mit insektizidbehandelten und unbehandelten Tabakpflanzen verwenden SHANKS and CHAPMAN (1965) zur Prüfung des Verhaltens von *Myzus persicae* (Sulzer). Die Bestimmung der Repellenz von Insektiziden auf Vorratsschädlinge (*Tribolium* spp., *Sitophilus oryzae* (L.) u. a.) beruht ebenfalls auf einem Fraß-Wahltest, bei dem die Insekten in Vorrichtungen unterschiedlicher Beschaffenheit (z.B. Plattform mit 12 Aushöhlungen für die Testproben) mehrere Stunden mit behandeltem und unbehandeltem Getreide gehalten werden (LAUDANI and SWANK 1954; WATTERS 1959; STRONG et al. 1961). Dagegen basiert die Bewertung der Repellenz von Pestiziden gegenüber parasitischen Hymenopteren und räuberischen Coccinelliden nach BARTLETT (1965) auf der Anzahl der Exkrementflecke, die von den Insekten während 4 Tagen auf behandelten Zuckerwürfeln hinterlassen werden. IKEDA (1958 a, d, 1959 d) prüft die Repellenz von Pyrethrinen, Allethrin und anderen Insektiziden auf *Musca domestica vicina* Macq., indem er Laktose-Kügelchen auf behandeltes Filtrierpapier legt, etwa 100 Fliegen damit in einen Glasbehälter gibt und nach 20 Stunden den Verlust der Kügelchen durch Nahrungsaufnahme wiegt.

Testmethoden, die auf der Fraßaktivität von Kleiderschädlingen (*Tineola bisselliella* (Hum.), *Attagenus piceus* (Oliv.) u.a.) beruhen, sind in der Textilbranche gebräuchlich (HEAL 1942; SWEETMAN et al. 1945).
Auf dem Gebiet der Hygiene sind auf den gleichen Grundlagen basierende Methoden vorwiegend im Gebrauch. Zur Prüfung von Moskito-Repellents wird eine gemessene Quantität der Testsubstanz auf den Vorderarm (oder einen Teil desselben) einer Versuchsperson aufgetragen und dieser in einen Käfig mit hungrigen Moskitos gehalten (BUNKER and HIRSCHFELDER 1925; GRANETT 1938, 1940; MORTON et al. 1947; TRAVIS et al. 1949; ROADHOUSE 1953; GEIGY and UTZINGER 1953; ALTMAN and SMITH 1955; GILBERT et al. 1957; SHEPARD 1960 u.a.). Als Maß der Repellenz dient in der Regel die Schutzzeit bis zum ersten Stich. Meistgebrauchte Testobjekte sind *Aedes aegypti* (L.) und *Anopheles quadrimaculatus* (Say). Die mit dieser Methode gewonnenen Resultate sind großen Variationen unterworfen (CHRISTOPHERS 1947; TRAVIS 1950; DETHIER 1956; BUSVINE 1957).
Statt auf den Arm der Versuchsperson können die zu prüfenden Repellents auch auf die Kleidung angewendet werden (GRANETT and HAYNES 1945; LINDUSKA and MORTON 1947; SMITH and BURNETT 1949; SMITH and GILBERT 1953; ALTMAN and SMITH 1955 u.a.). Eine Möglichkeit zur Vorausscheidung ineffektiver Chemikalien besteht in der Benutzung tierischer Wirte wie Meerschweinchen und Kaninchen (WIESMANN und LOTMAR 1949; KASMAN et al. 1953; STARNES and GRANETT 1953 u.a.). Einen ähnlichen Zweck erfüllt der Gebrauch tierischer Membranen, die über mit Blut gefüllte Gefäße gespannt werden (BAR-ZEEV and SMITH 1959; GRANETT 1960 u.a.). Meist sind diese Methoden jedoch recht zeitraubend.
Repellents gegen andere Hygieneschädlinge wie Fliegen und Flöhe werden häufig unter Anwendung der gleichen Methoden wie für Moskito-Repellents getestet (HORNBY and FRENCH 1943; HOLDEN and FINDLAY 1944; LINDQUIST et al. 1944; FINDLAY et al. 1946; GILBERT et al. 1957 u.a.). Bei der Untersuchung der Repellenz von Insektiziden gegenüber *Musca domestica* L. erfolgt eine Kombination mit Ködern (z. B. Malz), deren Besuch registriert wird (GAHAN et al. 1953; IKEDA 1959 a). Zur Testung von Schaben-Repellents verwendet IKEDA (1959 b) Giftköder und als Maß der Repellenz die bei täglicher Kontrolle beobachtete Mortalität. Eine weitere Methode für Schaben besteht im Zwangfraß am unbegifteten Köder und Wägen des Verlustes (IKEDA 1959 c).

2.2.1.2. Arena-Tests

Als Arena-Tests sollen alle diejenigen Methoden zusammengefaßt werden, bei denen das Verhalten der Insekten im freien Wahlversuch in kleineren oder größeren Behältern bzw. Räumen (Petrischalen, Glas-, Plaste-, Metallzylinder, Käfige, Zimmer) ohne Darbietung von Futter und ohne Verwendung von gerichteten Luftströmen untersucht wird. Die Ausbreitung sich verflüchtigender Mittel beruht auf Diffusion. In der allgemeinen Anwendungsform dieser Methoden ist wie bei den Fraßtests eine Unterscheidung zwischen Kontakt- und Fernwirkung nicht möglich, mit Ausnahme der Fälle, wo das zu prüfende Mittel einer Berührung durch die Insekten nicht zugängig ist. Die Bestimmung der wirksamen Konzentrationen ist unexakt.

Häufig werden zur Darstellung von Attraktiv- und Repellenteffekten mit Filtrierpapier ausgelegte Petrischalen benutzt, in die einseitig der Prüfstoff aufgetropft wird. Maß der Attraktivität bzw. Repellenz ist die Verteilung der Versuchstiere. So prüfen SMYTHE et al. (1965) für die Termite *Reticulitermes flavipes* (Kollar) attraktive Holzextrakte im Petrischalen-Wahltest. OHNESORGE (1953) weist mit dieser Methode die Lockwirkung von Pflanzenstoffen (Bastpreßsäfte u.a.) auf *Hylobius abietis* L. nach. WILLIS and ROTH (1950 a, b,) untersuchen die Lockwirkung von Mehl auf *Tribolium castaneum* Herbst. BAR-ZEEV (1960, 1962) verwendet den Petrischalen-Test zur Prüfung von Moskito-Repellents, setzt jedoch die Schale in einen Apparat mit leichter Luftströmung. THORPE et al. (1947) schalten bei Experimenten über die Reaktion von *Agriotes*-Larven auf chemische Substanzen pflanzlichen Ursprungs Kontaktstimuli aus, indem sie in Petrischalen die Ansammlung der Drahtwürmer über den unter einer Gaze befindlichen Duftstoffen beobachten.

Die gleiche Methode kann zum Nachweis von Attraktiv- bzw. Repellenteffekten bei Pestiziden dienen. IKEDA (1958 d) benötigt für einen Petrischalen-Test über die Repellenz von Insektiziden auf den Käfer *Callosobruchus chinensis* L. 48 Stunden. BARTLETT (1965) prüft auf diese Weise die Repellenz von Pestiziden auf parasitische Hymenopteren und räuberische Coccinelliden. SHANKS and CHAPMAN (1965) untersuchen das Verhalten von *Myzus persicae* (Sulzer) gegenüber Insektiziden in Petrischalen („split-arena test"). Die Irritationswirkung von DDT auf *Anopheles gambiae* Giles und *A. funestus* Giles kann ebenfalls im Petrischalentest nachgewiesen werden (MOUCHET and CAVALIE 1961).

In analoger Weise wird auch eine Testung auf einfachen Glasplatten vorgenommen. So verfahren beispielsweise HESSE et al. (1955) in Untersuchungen mit *Hylobius abietis* L. KLINGLER (1958) beobachtet die Orientierung der Larven von *Otiorrhynchus sulcatus* F. (Col.) auf von Wurzeln ausgeschiedene Stoffe zwischen zwei Glasplatten.

Außer Petrischalen sind auch andersartige Testgefäße im Gebrauch. Repellenz chemisch behandelter Papiere gegen Vorratsschädlinge überprüfen LAUDANI et al. (1955) durch Wahlversuche in Glaszylindern. Ein Test dauert 5 Tage bei täglich 2 Zählungen. Unter Nutzung der negativ phototaktischen Reaktion von *Ips sexdentatus* Boerner bieten DÄSSLER and HENKER (1959) Schalen mit bzw. ohne Duftstoffe am Boden eines Kastens zur Wahl. WILLIS and ROTH (1950 a) scheiden in Untersuchungen mit *Tribolium castaneum* in Plastkammern die Kontaktwirkung durch ein Drahtgitter aus.

Bei der Prüfung von Schaben-Repellents bedient man sich vorwiegend dieser Methoden. Die gebräuchlichsten Verfahren beruhen auf der Tendenz der Schaben, dunkle Verstecke aufzusuchen. Diese Verstecke werden behandelt, und die Zahl der sich dort aufhaltenden Schaben wird mit der in unbehandelten Verstecken verglichen. Als Verstecke für *Blatella germanica* (L.), *Periplaneta americana* (L.) und andere Arten werden häufig Eiskremkartons verwendet. Ein Test dauert 3—5 Tage bei täglichen Zählungen (GOODHUE and LINNARD 1952 IKEDA 1959 b; BURDEN and EASTIN 1960). Ein weiteres Prüfverfahren für Schabenrepellents, die sogenannte Schrägkarten-Methode nach GOODHUE (1960), beruht auf der Tendenz der Schaben, schräge Flächen zu erklettern. Die Tests finden als Wahlversuche zwischen behandelten und unbehandelten Karten statt und beanspruchen jeweils eine Stunde. GOODHUE (1960) gebraucht außerdem die Glaszylindermethode, die sich besonders für *Periplaneta americana* (L.) und *Blatta orientalis* L. eignet. Die Schaben wählen zwischen drei am Grunde miteinander in Verbindung stehenden Glaszylindern, von denen zwei behandeltes Filtrierpapier enthalten.

Bei Untersuchungen über die Repellenz von Insektiziden auf *Anopheles stephensi* List. in einem Zylindergefäß wird 10 Minuten lang beobachtet, wie oft die Moskitos auf einer behandelten Fläche ruhen bzw. von ihr auffliegen (HADAWAY and BARLOW 1953). PIELOU (1954) entwickelt zwei Apparate zum Studium des Verhaltens der parasitischen Hymenoptere *Macrocentrus ancylivorus* Rohw. und anderer Insekten auf olfaktorische Stimuli. Im ersten Apparat werden die Insekten in einem Behälter einem Diffusionsgradienten ausgesetzt, der durch absorbierende Aktivkohle aufrecht erhalten wird. Im zweiten Fall wird den Insekten ein zeitlich unterbrochener olfaktorischer Stimulus geboten. Dies geschieht mit Hilfe eines die Duftquelle enthaltenden Schiebers, der unter dem durchlässigen Boden der Beobachtungskammer zu bewegen ist.

Dem Käfigtest liegen die gleichen Prinzipien zugrunde wie den bisher angeführten Arena-Tests. In der Regel handelt es sich um Wahltest, bei denen zuweilen Fallen zum Fang der angelockten Insekten dienen. KELLER et al. (1963) stellen zur Untersuchung der Reaktion von *Anthonomus grandis* Boheman auf pflanzliche Attraktivstoffe einmal Petrischalen mit imprägniertem Filtrierpapier, zum anderen Glasfallen mit bzw. ohne Prüfstoff in Käfigen auf. Ein Test erfordert 24 Stunden. Die Methode der Aufstellung von den Teststoff enthaltenden Schalen bzw. Filtrierpapier in Käfigen wird von NEFF and VANDERZANT (1963) ebenfalls zur Prüfung der Wirkung von Pflanzenextrakten auf *Anthonomus grandis*, von NIEMCZYK (1965) für *Hylemya antiqua* (Meigen), von BROWN and CARMICHAEL (1961 a, b) für die Untersuchung der Attraktivität menschlicher Blutbestandteile auf Moskitos und von DETHIER et al. (1952) für verschiedene Fliegenarten verwendet. Behandelte und unbehandelte Glasplatten bietet BOVINGDON (1958) *Musca domestica* L. und *Stomoxys calcitrans* (L.) in Käfigen zur Wahl. Seine Methode weicht vom typischen Arena-Test durch Verwendung eines leichten Luftstromes ab.

Der Gebrauch von Fallen im Käfigtest erfolgt von LA BREQUE and WILSON (1959) und von BROWN et al. (1961) für Hausfliegen, von STEINER (1942 a, b) (allerdings im geschlossenen Behälter) für *Phormia regina* (Meig.), von OUYE and BUTT (1962) für *Pectinophora gossypiella* (Saunders) (Lep.), von BEGG and HOGBEN (1946) und WEST (1961) für *Drosophila*-Arten (geschlossener Behälter, Versuchsdauer 12

Stunden) und von Gow (1954) zum Testen von Attraktants für die Orientalische Fruchtfliege (*Dacus dorsalis* Hendel), die Melonenfliege (*D. cucurbitae* Coq.) und die Mittelmeerfruchtfliege (*Ceratitis capitata* (Wied.)). Im letzten Fall rotieren die invaginierten Glasfallen im Testkäfig. Eine ähnliche Methode benutzen Beroza et al. (1961) zur Entwicklung neuer Attraktants für *Ceratitis capitata*, doch rotieren in diesem sogenannten „Dochttest" statt der Fallen 6 Dochte 15 Minuten lang auf einer Scheibe.

Begg and Hogben (1946) verwenden in Versuchen mit *Drosophila*-Mutanten außerdem eine sogenannte Zweiwege-Kammer, an die Eintrittspforten für Duftdiffusion bzw. Kontrolle angeschlossen sind. Die Wahlkammer von Cragg and Cole (1956) für *Lucilia*-Arten enthält auf der einen Seite das Testmaterial, auf der anderen zur Erzeugung eines guten Konzentrationsgefälles Aktivkohle als Absorbant.

Arena-Tests großen Ausmaßes sind die Zimmerversuche, die teilweise zur Ergänzung anderer Methoden dienen. In der Regel orientieren sich auch hierbei die Insekten nach einem Konzentrationsgefälle des diffundierenden Duftstoffes. Eine größere Anzahl Versuchstiere wird im Raum freigelassen. Bienenrepellents testet Stute (1957) im Gewächshaus, indem er auf einem drehbaren Tisch Schalen mit Attraktants und Attraktant-Repellent-Mischungen zur Wahl bietet. In Zimmer-Lockversuchen mit *Hylobius abietis* L. wenden Hesse et al. (1955) und Dässler (1958) die Proben auf Filterpapier-Rollen an. Die Attraktivität von Insektizid-Ködern auf *Drosophila melanogaster* wird von Mason et al. (1963) durch Aufstellen von Glasfallen geprüft. Flaschenfallen für *Drosophila*-Arten werden auch von Barrows (1907), Hutner et al. (1937) und West (1961) benutzt. Crystal (1964) testet auf diese Weise Attraktants für die Fliege *Cochliomyia hominivorax* (Coquerel).

2.2.1.3. Olfaktometer-Tests

Die Ungenauigkeit der quantitativen und qualitativen Ergebnisse bei Anwendung der oben angeführten Methoden war die Ursache für Bemühungen, Laboranlagen mit exakterem Aussagewert zu entwickeln. Diese Anlagen, die eine Kontaktwirkung ausscheiden und ausschließlich zur Beobachtung der Reaktionen auf Duftstoffe dienen, werden als Chemotropometer, Odorometer oder Olfaktometer bezeichnet (Dethier 1947). Der letztgenannte Terminus ist am gebräuchlichsten. Das am frühesten ersonnene praktische Instrument dieser Art ist das Olfaktometer nach Zwaardemaker (1895) für Untersuchungen über den menschlichen Geruchssinn.

Mit der Verwendung der Y-Röhre führt Barrows (1907) ein neues Prinzip zum Studium der Insektenolfaktion ein. Sein Grundgedanke besteht darin, daß die Insekten, vom Stammteil des Y-Rohres kommend, an der Verzweigungsstelle zwischen einem duftfreien und einem dufttragenden Arm des Rohres zu wählen haben. Charakter und Stärke der Reaktion werden aus der Verteilung der Insekten in beiden Armen geschlußfolgert. Obwohl Barrows' Vorrichtung auf der Diffusion des Duftstoffes im Y-Rohr basiert und er die positive Lichtreaktion seiner Testobjekte nutzt, um ihre Vorwärtsbewegung zu den Armen des Rohres zu erzielen, werden mit ihr Attraktivwirkungen auf *Drosophila melanogaster* nachgewiesen. Mit dieser einfachen olfaktometrischen Methode erweist sich jedoch die Gewinnung quantitativer Resultate noch immer schwierig, da die Intensität des olfaktorischen Stimulus nicht eindeutig meßbar ist. Das Y-Rohr ist das grundlegende Prinzip, auf dem die meisten nach BARROWS entwickelten Olfaktometer basieren. Es beinhaltet eine Wahl der Insekten zwischen einer günstigeren und einer weniger günstigen Umgebung.

Eine bedeutende Verbesserung des Instrumentes von BARROWS schafft McINDOO (1926 b) durch Hinzufügen einer Saugvorrichtung. Die Insekten haben nunmehr zwischen einem duftführenden und einem duftfreien Luftstrom zu wählen. Mängel des Instrumentes bestehen im Fehlen der Kontrolle von Temperatur, Luftfeuchtigkeit und Strömungsgeschwindigkeit. Dennoch gelingt damit der erste experimentelle Nachweis, daß Pflanzen Insekten durch Duftstoffe anzulocken vermögen. Da McINDOO ebenfalls einen Lichtstimulus verwendet, eignet es sich besonders für Insekten, die positive Lichtreaktionen zeigen. Eine weitere wesentliche Erkenntnis McINDOOs ist die, daß der Schlüssel für eine erfolgreiche Anwendung der Olfaktometer im geeigneten physiologischen Zustand der Testinsekten, abhängig von Alter, Geschlecht, Entwicklungs- und Sättigungszustand, liegt. Spätere Modifikationen des McINDOO-Olfaktometers bestehen hauptsächlich in den Bemühungen, für die Insekten eine den natürlichen Gegebenheiten möglichst nahekommende Umgebung zu schaffen, die Insekten durch verschiedene Stimuli wie Licht und Wärme zu aktivieren und genauere Methoden der Kontrolle der Luftströme und der Messung der Duftstoffmenge zu schaffen. Zur schnellen und exakten Zählung der Insekten nach dem Wahlvorgang werden auch photographische Methoden benutzt (KILGORE 1939; WILLIS 1947; WILLIS and ROTH 1950 b).

SNAPP and SWINGLE (1929 a, b) untersuchen im Y-Rohr-Olfaktometer nach McINDOO die Reaktion von Pfirsich-Insekten (*Synanthedon pictipes* G. & R., *S. exitiosa* Say) auf Duftstoffe der Wirtspflanze. COLE (1932) benutzt es zur Darstellung von Attraktiv- und Repellenteffekten ätherischer Öle auf *Blatta orientalis* L. HOSKINS and CRAIG (1934) (s. unten) ermöglichen es durch Einbeziehung des Venturi-Strömungsmessers erstmals, Düfte bekannter Konzentrationen zu testen. Die Herstellung definierter Konzentrationen des Duftstoffes in Luft beruht auf der Mischung einer gemessenen Menge duftgesättigter Luft mit einem bekannten Volumen duftfreier Luft. THORPE and JONES (1937) und THORPE (1938) verwenden das Y-Rohr-Olfaktometer zur Untersuchung der Reaktionen der Ichneumonide *Nemeritis canescens* (Grav.) auf den Geruch ihres Wirtes. Im Gegensatz zu früheren Typen saugen sie jedoch die Luft nicht an der Verzweigungsstelle des Y-Rohres ab, sondern aus dem Stamm. Ein entsprechendes Olfaktometer benutzt CROMBIE (1944) zur Prüfung der Attraktion von *Lucilia*-Arten zu Schafen. GÖTZ (1938) untersucht im Y-Rohr-Olfaktometer den Geruchssinn von Schmetterlingsraupen. THORPE et al. (1947) gebrauchen es, allerdings ohne Erfolg, zur Untersuchung der Reaktion von Drathwürmern auf chemische Substanzen pflanzlichen Ursprungs, SCHANZ (1953) zur Prüfung der

Reaktion von *Leptinotarsa decemlineata* auf Duftstoffe der Wirtspflanzen. Letzterer verwendet diffuse Beleuchtung. JERMY (1958), der mit dem gleichen Objekt experimentiert, saugt im Gegensatz zu SCHANZ (1953) die Luft in der Mitte des Stammteiles ab.

Der U-förmige Apparat von EAGLESON (1939) für den Gebrauch mit muscoiden Fliegen stellt ein Y-Rohr-Olfaktometer großen Ausmaßes dar. INGLE (1943) benutzt in seinem Chemotropometer für fliegende Insekten blaues Licht als Stimulus. HESSE et al. (1955) weisen die Attraktion von Linolensäuremethylestern auf *Hylobius abietis* L. nach. IKEDA (1958 b) gebraucht das Y-Rohr-Olfaktometer zum Testen von Repellents gegen *Culex tritaeniorhynchus* Giles und *C. pipiens pallens* Coquillett. CHAPMAN (1961) testet die Reaktion von Tse-tse-Fliegen (*Glossina medicorum* Austen) auf Wirtsgerüche. Ein Y-Rohr-Olfaktometer ohne Luftströmung, dessen Arme in Duftkästchen enden, verwenden LINDAUER und MARTIN (1963) für Bienen.

Für den Gebrauch des Y-Rohr-Olfaktometers zum Nachweis attraktiver und repellenter Eigenschaften bei Schädlingsbekämpfungsmitteln liegen weniger Beispiele vor. DICKE et al. (1952) untersucht auf diese Weise im Dunkeln die Reaktion von Hausfliegen gegenüber Chlorkohlenwasserstoff-Insektiziden. Auch IKEDA (1958 d) weist damit die Repellenz von Insektiziden auf Hausfliegen nach. GODAN (1959) prüft die Wirkung der Phosphorpräparate E 605 f und Exodin sowie des systemischen Insektizids Systox auf verschiedene Insektenarten.

In ihrem Wesen nahe verwandt den Y-Rohr-Olfaktometern sind die Wahlkammer-Olfaktometer. Das Prinzip beruht darauf, daß in einen Behälter (oder Käfig) ein dufttragender und ein duftfreier Luftstrom eintreten und das Verhalten der Insekten zu den beiden Strömen beobachtet wird. Den Testobjekten soll damit eine größere Bewegungsfreiheit eingeräumt werden. Dem Reaktionsindex liegen die Anzahlen der Insekten zugrunde, die sich an den Eintrittspforten der beiden Ströme ansammeln. Häufig ist jedoch die Anteilnahme der Objekte an der Reaktion relativ gering.

McINDOO (1933) entwickelt ein hölzernes Olfaktometer dieses Typs mit Drahtgaze-Verschluß für Untersuchungen mit Schmeißfliegen. Um die Fliegen leichter zur Reaktion zu bewegen, verwendet er feuchte Luftströme. Im Gegensatz zu diesem Olfaktometer münden bei der Apparatur von HOSKINS and CRAIG (1934) die beiden Ströme näher beieinander durch Trichter in einen Drahtkäfig, der sich in einem Kasten befindet, aus dem die Luft abgesogen wird. Sie dient zu Untersuchungen mit *Lucilia sericata* (Meigen). In 1-Minuten-Abständen werden 5—10 Beobachtungen durchgeführt. Um eine größere Anteilnahme der Insekten an der Reaktion zu erzielen, wird deren phototropische Reaktion genutzt. In einer Modifikation dieser Apparatur für Hausfliegen ist die Lichtanlockung durch Nutzung der Thermotaxis ersetzt. Eine ähnliche Methode entwickeln WIETING and HOSKINS (1939). Auf diesen Typen basieren alle weiteren Konstruktionen von Wahlkammer-Olfaktometern.

Mit der Wahlkammer-Methode führen WILLIS (1947), SARKARIA and BROWN (1951) BROWN et al. (1951), WILLIS and ROTH (1952) olfaktometrische Studien an

Moskitos durch. THORPE et al. (1947) untersuchen die Reaktion von *Agriotes*-Larven (Sandwahlkammern) auf Substanzen pflanzlichen Ursprungs, DETHIER and YOST (1952) das Verhalten von Schmeißfliegen, WILLIS and ROTH (1950 a, b) die Verteilung von *Tribolium castaneum* (Herbst). WEST (1961) verwendet sie für Studien mit *Drosophila*-Arten. BROWN et al. (1961) zählen die Verteilung von Hausfliegen 10 mal in 10-Sekunden-Intervallen. HUGHES (1957) studiert die olfaktorische Stimulation bei Tse-Tse-Fliegen (*Glossina* spp.) und Schmeißfliegen (*Phormia terraenovae* R.-D.). HOCKING and LINDSAY (1958) demonstrieren 1-stündige Tests mit *Culex tarsalis* Coq., bei denen die Luftströme nach halber Versuchsdauer ausgewechselt werden. CHAMBERLAIN (1956, 1959) und THOMAS and CHAMBERLAIN (1959) zeigen die Brauchbarkeit der Wahlkammer-Olfaktometer zur Prüfung von Repellents gegen landwirtschaftliche Schädlinge (*Melanoplus femur-rubrum* (De G.), *Heliothis zea* (Boddie), *Thyanta custator* (Fab.), *Lygus lineolaris* (P. de B.), *Spissistilus festinus* (Say), *Hypera nigrirostris* (F.), *H. meles* Fab., *Oecanthus nigricornis quadripunctatus* Blut., *Macrosiphum pisi* (Harris), *Periplaneta americana* (L.)) sowie gegen *Apis mellifera* L. Bei den 20-minütigen Tests erfolgt eine Kontrolle der Verteilung nach 5, 10, 15 und 20 Minuten, wobei die Ströme nach 10 Minuten ausgewechselt werden. ARNOLD (1957) verwendet die Wahlkammer-Methode zur Prüfung der Repellenz von Paradichlorbenzol auf die Larven von *Attagenus megatoma* (F.). ANDERSON and FISHER (1960) modifizieren die Methode bei der Prüfung der Wirkung natürlich vorkommender Repellents auf *Pissodes strobi* (Peck) (Col.) insofern, als Duft- und Kontrollstrom aus konzentrisch gelegenen Trichtern durch ein Drahtgitter treten, auf dem die Bewegung der Larven verfolgt wird. Die Zone des Duftstromes bildet einen konzentrischen Ring um die duftfreie Zone. Als Maß der Reaktion dient die Zeit, die die Tiere benötigen, um vom Zentrum des Gitters zur Peripherie zu gelangen.

Eine weitere Abwandlung der Y-Rohr-Olfaktometer stellen die T-Rohr-Olfaktometer dar. Die beiden Arme des Y-Rohr-Olfaktometers entsprechen hier praktisch einem geraden Rohr, aus dessen Mitte die Luft durch ein Ansatzstück (Stamm) abgesogen wird. Von der einen Seite des Rohres wird duftbeladene Luft gesogen, von der anderen duftfreie. Ist das Stammstück lang genug, so daß sich die Insekten vor der Wahl einer der beiden Seiten darin aufhalten können, entspricht die Wirkungsweise des T-Rohres ganz der eines Y-Rohres. Werden die Insekten jedoch direkt in das Hauptrohr eingesetzt, wie das zum Beispiel bei DITMAN et al. (1941) und PETERS (1956) erfolgt, nähert sich die Wirkungsweise des Olfaktometers der eines Durchlaufrohres (s. unten).

MORGAN and CRUMB (1928) untersuchen die Reaktion von Hausfliegenlarven auf Gärungsprodukte, MARSHALL (1935) prüft das Verhalten von *Apis mellifera* L., DITMAN et al. (1941) beobachten *Heliothis*-Larven, GÖTZ (1939 a) testet die Reaktion von *Clysia ambiguella* und *Polychrosis botrana* auf Sexuallockstoffe im T-Rohr-Olfaktometer. WIESMANN and LOTMAR (1949) führen Untersuchungen mit Hygieneschädlingen durch. Auch zum Repellenttest mit *Formica rufa* L. und *Rhodnius prolixus* Stal im Dienste der Entwicklung von Moskitorepellents dienen T-Rohr-Olfaktometer (GEIGY und UTZINGER 1953; PETERS 1956). In einstündigen Tests wird in zunehmenden Zeitabständen die Verteilung der Insekten aufgezeichnet.

Die Methode findet auch in der Prüfung von Attraktiv- und Repellentwirkungen bei Pestiziden Anwendung. HOCKING and LINDSAY (1958) untersuchen die Reaktion von *Drosophila melanogaster* Mg., *Aedes* spp., *Musca domestica* L. und *Thaumatomyia glabra* (Mg.) auf Bestandteile von Insektizid-Sprays. Das Verhalten von *Musca domestica* gegenüber Insektiziden wird von IKEDA (1958 c), die Repellentwirkung verschiedener DDT-Lösungsmittel auf *Musca domestica*, *Drosophila melanogaster* und *Aedes aegypti* von HOCKING (1961) geprüft.

Die oben erwähnten Durchlaufrohre, die auf Grund des sie gleichgerichtet durchlaufenden Luftstromes mit konstantem Duftstoffgehalt so genannt werden mögen, basieren auf dem Prinzip, daß attraktive Stoffe eine anemopositive Reaktion auslösen können (WARNKE 1931; FLÜGGE 1934; KENNEDY 1940; DETHIER 1947, 1957 a; SCHWINCK 1954; DANZER 1956 u. a.). Bei auf Fernwirkung beruhender Repellenz ist dann wohl eine entgegengesetzte Reaktion zu erwarten. Eingehende Experimente über letzteren Fall scheinen zu fehlen.

SCHWINCK (1954) weist im sogenannten Windkanal die positive Anemotaxis an Männchen von *Bombyx mori* bei Reizung durch den Sexuallockstoff der Weibchen nach. WRIGHT (1964) demonstriert, daß *Drosophila melanogaster* im geraden Rohr gegen den Strom zu einer Duftquelle fliegen kann, wobei die visuelle Orientierung zum Untergrund eine Rolle spielt. Auf dem gleichen Prinzip beruhen die Verhaltensstudien von VARLEY and EDWARDS (1953) an der Schmeißfliegen parasitierenden Hymenoptere *Mormoniella vitripennis* (Walk.) in einer flachen Glaskammer, durch die ein Luftstrom geht.

Schließlich werden als Olfaktometer auch einige gerade Rohre bezeichnet, die auf einer Seite den Prüfstoff enthalten (durch Gaze von den Insekten getrennt) und in denen eine Duftausbreitung durch Diffusion erfolgt. Hierzu gehören das Chemotropometer von FOLSOM (1931) für den Gebrauch mit *Anthonomus grandis* Boh., die „Geruchsbank“ von HASE (1927) und das Rohr von CHRISTOPHERS (1947) zur Prüfung von Moskito-Repellents. Im letzten Fall wird die das Repellent enthaltende Seite zusätzlich zur Anlockung der Moskitos (*Aedes aegypti*) erwärmt.

Abschließend seien noch die Vielfach-Wahl-Olfaktometer erwähnt, die auf dem Prinzip des Y-Rohres aufbauen, im Gegensatz zu diesem den Insekten aber nicht nur eine alternative Wahl, sondern die Selektion zwischen mehreren Möglichkeiten gestatten. RIPLEY and HEPBURN (1929) benutzen in Untersuchungen mit Natalfruchtfliegen (*Pterandrus rosa* (Ksh.)) eine zylindrische Kammer mit 8 Öffnungen, die in Röhren führen, durch die dufttragende Luftströme gesogen werden. Dort befindliche Fallen hindern die Fliegen an der Rückkehr zur Hauptkammer. Ein Versuch erfordert eine Zeit von mehreren Stunden. Ein ähnliches Olfaktometer verwendet LEHMAN (1932) für Experimente mit Drahtwürmern, doch beruht während des Tests die Duftausbreitung auf Diffusion. EYER (1937) benutzt ein Olfaktometer mit 8 lateralen Armen für *Carpocapsa pomonella*

(L.). In Untersuchungen mit dem Scolytiden *Ips confusus* (Le Conte) gebrauchen Wood and Bushing (1963) einen Käfig mit 5 Positionen von Testmaterialien, über die Luftströme geblasen werden.

2.2.1.4. Methoden, die auf speziellen Verhaltensweisen beruhen

Lepidopteren-Raupen zeigen bei Reaktion auf Gerüche charakteristische Bewegungen der Mundteile („Spuck"-Reaktion), die zu Tests herangezogen werden können (Dethier 1937, 1941, 1943). Ähnliches gilt für das Proboscis-Verhalten (Ausstrecken bei Stimulation der Tarsen durch Zucker) von *Phormia regina* (Meig.) und anderen Fliegen (Frings 1941; Shepard 1960). Bei Zufügen von Repellents zu Zuckerlösungen wird aus einer ablehnenden Haltung der Fliegen der Wirkungsgrad geschlußfolgert.

Bombyx mori und andere Lepidopteren gelangen bei Reizung durch Sexuallockstoffe in Erregung, die zu einem charakteristischen Verhaltensablauf (Schwirrtanz) führt (Schwinck 1954; Butenandt 1955, 1959). Unter Nutzung der Reaktion des Rüsselausstreckens bei olfaktorischer Reizung klemmt Minnich (1924) *Pieris rapae* Linn. an den Flügeln fest und hängt den Schmetterling in einer Geruchskammer über einem Attraktant auf. Block (1960) verwendet diese Technik für den Schwammspinner (*Porthetria dispar* (L.)) und hält dem Tier 1 Minute lang den Duftstoff vor.

Bei Untersuchungen mit Bienen wird deren relativ leichte Dressurmöglichkeit zur Attraktant- und Repellenttestung genutzt. Schwarz (1955) entläßt ein Luft-Duft-Gemisch, auf das die Bienen vorher in Verbindung mit Futter dressiert wurden, aus einem Olfaktometer. Eine andere Möglichkeit besteht in der Behandlung vorher zur Dressur verwendeten Futters mit Repellents (Stute 1957).

2.2.1.5. Elektrophysiologische Methoden

Da die Antennen der Hauptort der Insektenolfaktion sind, eröffnet die Messung der elektrischen Potentiale des Antennennervs und die Verbindung dieser Daten mit Verhaltensreaktionen eine universelle Labormethode. Die Methodik zum Studium der Mechanismen der chemischen Wahrnehmung bei Insekten durch Analyse der olfaktorischen Nervenaktivität erweist sich jedoch wegen der geringen Größe der olfaktorischen Nervenfasern als sehr schwierig (Dethier and Chadwick 1948; Chapman and Craig 1953). Schneider (1955, 1957 a, b, 1962) sowie Schneider und Hecker (1956) sind im Erfolg ihrer Bemühungen um eine exakte Methode der quantitativen Testung der Sexuallockstoffe bei Lepidopteren (*Bombyx mori* und andere Arten) in der Lage, aus den Antennen Aktionspotentiale abzuleiten, die die Wahrnehmung des Lockstoffes anzeigen. Auch Boistel (1953), Boistel et al.(1956), Roys (1954) und andere leiten Reaktionen auf chemische Reize von der Insektenantenne ab. Auf diesem problemreichen Gebiet sind weitere Untersuchungen erforderlich.

2.2.2. *Kritische Betrachtung bisheriger Labor-Methoden und Auswahl eines geeigneten Prinzips*

Als Anforderungen an eine Methode, die zu Reihenuntersuchungen chemischer Pflanzenschutzmittel auf Attraktiv- und Repellenteffekte dienen soll, können folgende gelten:

1. Die Methode soll das Erkennen attraktiver, repellenter und indifferenter Wirkungen erlauben.
2. Die Ergebnisse sollen dem chemischen Stimulus allein zuzuschreiben sein.
3. Die Ergebnisse sollen sowohl qualitative als auch quantitative Aussagen ermöglichen.
4. Die Ergebnisse sollen in kurzer Zeit erhalten werden.
5. Die Ergebnisse sollen exakt und reproduzierbar und möglichst weitgehend auf natürliche Verhältnisse übertragbar sein.
6. Eine insektizide Wirkung des zu prüfenden Mittels soll so wenig wie möglich zur Geltung kommen.
7. Bei Gewährleistung aller vorausgenannten Anforderungen soll die Methode einfach zu handhaben sein.
8. Die Methode soll auf möglichst viele der verschiedenartigen Vertreter der phytopathologisch (und medizinisch) wichtigen Insekten anwendbar sein.

Diese Anforderungen dienen als Grundlage bei der Auswahl einer geeigneten Methodik und bei der kritischen Überprüfung bekannter Methoden. Die auf spezifischen Verhaltensweisen einzelner Arten basierenden Methoden scheiden aus der Betrachtung aus, da sie nicht verallgemeinert werden können. Die zukunftsvollen Methoden der elektrischen Reizableitung sind zu kompliziert und noch in der Entwicklung begriffen, als daß sie gegenwärtig zu Reihentestungen verwendbar wären.

Zu 1:

Der Fraßtest kann die Prüfung der 3 genannten Reaktionsmöglichkeiten umfassen. Vorwiegend dient er jedoch zur Prüfung von Repellents oder zur Erkennung der Attraktivwirkung pflanzlicher Stoffe. Seine Aussage erlaubt keine Differenzierung zwischen Kontakt- und Fernwirkung, so daß die vermeintliche Attraktivwirkung auch durch Arrestants verursacht sein bzw. die Repellenz auf irritierender Wirkung beruhen kann.
Für die Arena-Tests gilt im allgemeinen das gleiche wie für die Fraßtests. Eine gewisse Abgrenzung zwischen Kontakt- und Fernwirkung erlaubt die Verwendung von Lockfallen. Der Olfaktometer-Test schließt in präziser Weise die Darstellung von Attraktanz, Repellenz bzw. Indifferenz ein und beschränkt sich als einzige Methode stets auf eine Darstellung der Fernwirkung des Mittels, also der olfaktorischen Wirkung und damit der echten Attraktanz und Repellenz.

Zu 2:

Fraß- und Arenatests schließen in der Regel den Kontakt mit dem Prüfmittel ein und dadurch taktile Stimulation nicht aus. Auch Farbwirkungen können zur

Geltung kommen. Die Kontrolle der Umweltfaktoren wie Temperatur, Luftfeuchtigkeit, Licht usw. ist im Fraß- und Arenatest ungenügend.
Der Olfaktometer-Test bietet die Möglichkeit, exogene Begleitfaktoren auszuschalten oder konstant zu halten. Die Ausnutzung dieser Möglichkeit ist nicht bei jeder olfaktometrischen Anlage gewährleistet. Der Gebrauch nichtchemischer Stimuli wie Licht, Wärme, Feuchtigkeit zur Aktivierung der Testinsekten ist möglichst zu vermeiden.

Zu 3:

Die qualitativen Aussagen sind im Olfaktometer-Test am deutlichsten. Exakte quantitative Aussagen sind überhaupt nur bei Verwendung olfaktometrischer Anlagen mit entsprechender Begleittechnik (Strömungsmesser, Beduftungsanlage, Luftstrom-Mischkammer) möglich.

Zu 4:

Die meisten Fraß- und Arenatests sind, von wenigen Ausnahmen abgesehen, zeitaufwendig. Sie erfordern Testzeiten von einigen Stunden bis zu mehreren Tagen. Eine wesentliche Zeitverkürzung gegenüber den auf Diffusion des Duftstoffes beruhenden Methoden bringt die Verwendung von Luftströmungen in Olfaktometern. Dabei scheinen die Wahlkammer-Olfaktometer, die den Testobjekten eine größere Bewegungsfreiheit gewähren, längere Untersuchungszeiten zu erfordern. Eine schnelle Erzielung von Ergebnissen ist nicht nur von praktischer Bedeutung, sondern auch dann, wenn es sich um kurzlebige Insekten oder solche, die oft Futter benötigen, handelt. Außerdem können Ermüdung der Tiere und Gewöhnung an den Prüfstoff eintreten.

Zu 5:

Die Exaktheit und Reproduzierbarkeit der Aussagen einer Methode sind zweifelsohne dort am größten, wo die Umweltfaktoren der besten Kontrolle unterliegen. Diese Anforderung wird von den Olfaktometern am ehesten erfüllt. Doch birgt diese Methodik einige andere Fehlerquellen in sich. Ein immer wieder erwähntes Problem ist die zu geringe Teilnahme der Testobjekte an der Reaktion auf den Duftstoff. Einwände gegen die Röhren-Olfaktometer bestehen auch darin, daß den Insekten zu wenig Möglichkeiten geboten sein sollen, ihre Wahl zu korrigieren, wodurch Zufälligkeiten eine größere Chance erhalten. Insbesondere die mit den T-Rohr-Olfaktometern ohne ausgeprägtes Stammstück gewonnenen Ergebnisse sind schwierig zu interpretieren, da die auf der Repellentseite induzierte Aktivität und die Ruhe auf der Kontrollhälfte zu einer vermeintlichen „Meidung" der Prüfsubstanz führen können.

Die Übertragbarkeit der Testergebnisse auf natürliche Verhältnisse ist von Beispielen aller hauptsächlichen Testmethoden bekannt. Es gibt jedoch auch Beispiele, wo das Freilandexperiment die im Labor gewonnenen Erkenntnisse nicht bestätigt oder sogar entgegengesetzte Resultate zeigt. Wird einmal von einer Fehlleistung der gewählten Methodik bei der betreffenden Art und der Versagensmöglichkeit im Freiland auf Grund ungeeigneter Umweltbedingungen (siehe

unter 2.1.3.) abgesehen und die Möglichkeit außer Acht gelassen, daß der Duftstoff nur bei Eingliederung in eine bestimmte Reizkombination seine Wirkung auf das Insekt entfaltet, so scheint — wie weiter unten eingehender ausgeführt werden soll — eine ungenügende Beachtung der Konzentrationsrelationen zwischen Labor- und Feldversuch als Ursache des Versagens eine Rolle zu spielen.
Für alle Methoden ist der Gebrauch von Testinsekten in geeignetem, standardisierten physiologischen Zustand erforderlich.

Zu 6:

Methoden, bei denen ein Kontakt zwischen Prüfsubstanz und Insekt vermieden wird, verringern in vielen Fällen die toxische Wirkung oder scheiden diese ganz aus. Im Olfaktometer ist ein Kontakt ausgeschlossen.

Zu 7:

Im allgemeinen wirken die Fraß- und Arena-Methoden einfacher in der Technik als der Gebrauch von Olfaktometern. Bei geeigneter Konstruktion eines Olfaktometers kann jedoch, nachdem die Anlage einmal errichtet ist, die Bedienungstechnik ebenso einfach oder noch weniger aufwendig gestaltet werden.

Zu 8:

Der Fraßtest erfordert für jede Insektenart oder -gruppe gesonderte Bedingungen, je nach den Fraßgewohnheiten der betreffenden Tiere. Der Arenatest wird für viele Insektenarten verwendet. Dies trifft in noch stärkerem Maße für die Olfaktometer-Tests zu.
Die vorangegangenen Betrachtungen zeigen, daß für die genannten Zwecke eine olfaktometrische Methode anderen vorzuziehen ist. Vergleichende Untersuchungen über den Verwendungswert verschiedener Olfaktometertypen hinsichtlich der Gestaltung des Reaktionsbehälters für die Insekten liegen nicht vor. Es wird im folgenden deshalb geprüft, welche Olfaktometerform unseren Belangen am besten entspricht. Als Beispiel, an dem die Leistungsfähigkeit des zu entwickelnden Olfaktometer-Tests geprüft wird, soll hauptsächlich die bekannte und auch unter praktischen Bedingungen vielfach erprobte Reaktion von *Drosophila melanogaster* Meig. auf Essigsäure dienen, die mit steigender Konzentration einen Qualitätswechsel von attraktiv zu repellent erfährt (Barrows 1907; Reed 1938; Dethier 1947 u.a.).

2.2.3. Entwicklung eines Olfaktometer-Schnelltests

2.2.3.1. Material und Methodik

Die zu den Untersuchungen verwendeten Essigfliegen (*Drosophila melanogaster* Meig.) entstammten einer Laborzucht des Chemisch-Biologischen Instituts des VEB Farbenfabrik Wolfen. Als Nährmedium für die Zuchten dienen zu Brei zerdrückte gekochte Kartoffeln, denen auf je 100 g, nachdem sie fest in 1-l-Erlenmeyer-Kolben eingestampft wurden, 3 ml 40-prozentige Essigsäure zugesetzt werden. Das Einsetzen der zur Weiterzucht dienenden Imagines erfolgt einen Tag nach der Bereitung der Glaskolben, die dann mit Wattestopfen verschlossen werden. Die Zucht findet bei Temperaturen von 22 °C±2 °C statt. Frisch geschlüpfte Fliegen werden täglich abgesetzt und bis zur Verwendung in gesonderten Kolben mit dem gleichen Futter gehalten. Nach Entnahme der Fliegen aus den Kolben zu Versuchszwecken werden sie mit Kohlendioxyd anästhesiert. In diesem Zustand sind die Fliegen leicht in Männchen und Weibchen zu sortieren. Die Unterscheidung der Geschlechter erfolgt durch komplexe makroskopische Betrachtung folgender Merkmale: Größe (Weibchen größer als Männchen), Anzahl der dunklen Hinterleibsbinden (2—3 beim Männchen, 4—5 beim Weibchen) und die hellere (Weibchen) oder dunklere Färbung (Männchen) des Hinterleibsendes. Sie ist bei einiger Übung ohne Schwierigkeiten und mit fast absoluter Sicherheit durchführbar. Eine Erholungspause von mindestens einer Stunde zwischen Anästhesie und Experiment erweist sich als ausreichend. Die Versuchstiere werden jeweils nur einmal einem Test unterworfen (in jedem Versuch 25 Insekten) und dann abgetötet. Die Anzahl der Wiederholungen beträgt 4, später 5. Somit umfaßt ein Test die Überprüfung der Reaktion bei mindestens 100—125 Insekten.

Die olfaktometrische Anlage (Abb. 4) hat folgende Struktur:

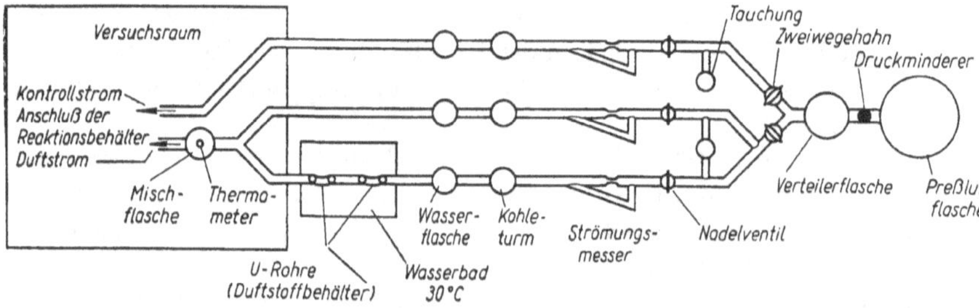

Abb. 4. Grundriß der Olfaktometeranlage

Als Quelle der Luftströme dient eine Preßluftflasche. Von dieser wird die Luft in eine Verteilerflasche geleitet, die sie in 2 parallele Ströme getrennt verläßt. Nach der Gabelung ist in jeden Strom eine Tauchung zur Ableitung überflüssiger Luft eingeschaltet.

Der erste der beiden Ströme führt nun über ein Nadelventil zu einem Strömungsmesser, dann zur Reinigung durch einen mit Aktivkohle gefüllten Glasturm und anschließend durch eine destilliertes Wasser enthaltende Waschflasche, um eine gleichmäßige Befeuchtung der Luft zu erzielen. Er dient als duftfreier Kontrollstrom. Der zweite Strom gabelt sich erneut. Beide Teilströme durchlaufen ein Nadelventil, einen Strömungsmesser, einen Kohleturm und eine Wasserflasche. Der eine der beiden Teilströme führt danach direkt zu einer Mischflasche. Der andere durchläuft vorher den Bedufter, ein den Prüfstoff enthaltendes U-Rohr, das sich in einem Wasserbad mit der konstanten Temperatur von 30 °C befindet. Durch diese Temperaturerhöhung wird eine bessere Aufnahme des Duftstoffes durch die Luft erzielt. Heizung des Wasserbades erfolgt durch eine Aquarienheizanlage mit Relaisschaltung. Ein Thermometer in der Mischkammer zeigt an, daß der zum Experiment gebrauchte dufttragende Luftstrom wieder die Raumtemperatur von 22 °C erreicht hat. An den von der Mischkammer kommenden Duftstrom und den Kontrollstrom werden die Reaktionsrohre mit den Insekten auswechselbar angesetzt. Dieser Teil der Anlage befindet sich in einem gegen Außenlicht abgeschirmten Raum (110 cm × 71 cm × 88 cm), der durch eine Neon-Röhre (20 W) diffus beleuchtet wird. Die Neon-Röhre hängt 33 cm über den Versuchsrohren und verläuft parallel zu diesen, genau über ihnen, bei Y-Rohren genau in der Mitte zwischen den beiden Armen. So wird eine Seitenbeeinflussung durch die Lichtquellen vermieden. In der Ebene der Versuchsrohre beträgt die Beleuchtungsstärke 200 Lux. Die Beobachtung der Testinsekten erfolgt durch einen Spalt des den Versuchsraum abschließenden lichtdichten Vorhangs.

Alle Teile zwischen Kohleturm und Versuchsrohren sowie diese selbst bestehen aus Glas. Die Einzelteile sind durch gut sitzende Schliffe ineinandergefügt. Da selbst äußerst geringe dem Glas anhaftende Mengen eines Duftstoffes Reaktionen der Testtiere hervorrufen können, muß die Anlage, soweit sie mit dem Teststoff beziehungsweise seiner Gasphase in Berührung gekommen ist, vor Verwendung eines neuen Prüfstoffes gründlich gesäubert werden. Diesem Zweck dient Auswaschen zuerst mit Natronlauge, dann mit Salzsäure und schließlich ausreichendes Nachspülen mit Wasser. Werden mehrere Konzentrationen des gleichen Stoffes geprüft, kann mit der niedrigsten Konzentration begonnen und die Reihe bis zur höchsten Konzentration fortgesetzt werden, ohne daß eine Reinigung zwischen dem Gebrauch der Einzelkonzentrationen erforderlich ist.

Die relative Luftfeuchtigkeit der Testströme beträgt 85%. Mit Hilfe der Strömungsmesser kann bei allen 3 parallelen Strömen die Durchflußmenge reguliert werden (Nadelventile), wodurch einmal die Einhaltung einer bestimmten Strömungsgeschwindigkeit gewährleistet ist, zum anderen in einem gewünschten Verhältnis in der Mischkammer duftbeladene und duftfreie Luft gemischt werden können.

Am geeignetsten für unsere Untersuchungen erweist sich eine Strömungsgeschwindigkeit von 30 cm/s (siehe unten). In der Mischkammer wird der Duftstrom in der Regel um das Zehnfache verdünnt. Das als Bedufter dienende U-Rohr enthält 10 cm³ der zu testenden Flüssigkeit (in Zehnerpotenzen abgestufte Verdünnungsreihe von Essigsäure in destilliertem Wasser). Die statistische Signifikanzbestimmung der Untersuchungsergebnisse erfolgt nach dem t-Test.

2.2.3.2. Experimenteller Vergleich verschiedener Olfaktometer-Typen

Betrachtet man die unter 2.2.1. aufgeführten Typen olfaktometrischer Reaktionsbehälter mit Luftströmung (Apparate ohne Luftströmung seien wegen ihrer großen Testzeiten von vornherein ausgeschlossen) unter dem Gesichtspunkt der Orientierungsweise der Insekten, so lassen sie sich in 2 Gruppen ordnen. Die eine Gruppe, bei weitem am meisten gebraucht, bietet den Insekten neben der Luftströmung einen Konzentrations-Gradient. Hierher zählen Kammer-Olfaktometer, Y-Rohr-Olfaktometer, Vielfachwahl-Olfaktometer und zum Teil T-Rohr-Olfaktometer. Das Konzentrationsgefälle umfaßt bei den verschiedenen Typen einen unterschiedlichen Bereich, der in der Regel bei den Kammer-Olfaktometern am ausgedehntesten ist. Die Wahl des Insektes zwischen einer günstigen und einer ungünstigen Region schließt die Beachtung des Gradienten durch das Insekt ein. Bei steilem Stimulationsgradient (unter natürlichen Bedingungen in der Nähe einer Duftquelle) sind viele Insekten zu einer taktischen Orientierung befähigt, unter anderem auch *Drosophila* (WIGGLESWORTH 1959). Um solche steilen Gradienten handelt es sich ohne Zweifel bei den genanntenOlfaktometern, am ausgeprägtesten bei den Y-Rohr-Olfaktometern.

Die zweite Gruppe olfaktometrischer Reaktionsbehälter umfaßt diejenigen, die eines Duftgradienten entbehren und die Erkennung der Reaktion von der Existenz einer durch Duftstoffe stimulierten Anemotaxis abhängig gestalten. Hierzu zählen die oben erwähnten Durchlaufrohre und ein Teil der T-Rohr-Olfaktometer. Die Annahme einer anemotaktischen Orientierung stimmt gut mit dem Phänomen des Gegenwindanfluges zu Duftquellen unter natürlichen Bedingungen überein. Da in großen Entfernungen von einer Duftquelle die Konzentrationsunterschiede des Duftgradienten vom Insekt wohl kaum wahrgenommen werden können, erscheint eine Fernorientierung ohne Luftströmung nicht möglich (SCHWINCK 1954; HOCKING 1963; DETHIER 1957 a; BROWNE 1960 u.a.). Im Labor-Experiment weist SCHWINCK (1954, 1955) positive Anemotaxis bei Lepidopteren (*Bombyx mori* u.a.) infolge Stimulation durch Sexuallockstoffe nach. WRIGHT (1964) zeigt, daß Essigfliegen (*Drosophila melanogaster*) in einem großen Windkanal (2 feet im Quadrat und 12 feet lang) fast gradlinig gegen einen Strom gleichmäßigen Duftstoffgehaltes (von einem Brei aus Bananen und Hefe) unter visueller Beobachtung des Untergrundes fliegen. Neben Freilandbeobachtungen gibt es eine Reihe Laborbeobachtungen darüber, daß eine rheo-osmotaktische Orientierung besteht (DETHIER 1957 a; BROWNE 1960; WOOD and BUSHING 1963 u.a.). In nur einigen Fällen aber werden eindeutige Experimente durchgeführt, bei denen ein Konzentrationsgradient vollkommen ausgeschaltet ist. Am klarsten erscheinen in dieser Hinsicht die Untersuchungen von WRIGHT (1964). Die Frage, ob auch eine durch Repellents ausgelöste negative Anemotaxis auftreten kann, ist bis jetzt nicht eindeutig beantwortet.

Die Existenz einer durch Attraktants ausgelösten positiven Anemotaxis steht wohl außer Zweifel. Ihre Darstellung im Labor und somit ihre Nutzung für Testzwecke scheint jedoch mit großen Schwierigkeiten verbunden und abhängig von einer Anzahl Faktoren wie Ausmaße des Versuchsraumes, Art und Weise der Fortbewegung der Testinsekten und den Orientierungsmöglichkeiten zum Untergrund zu sein.

Unsere vergleichenden Untersuchungen mit den Reaktionsrohren verschiedener Olfaktometer-Typen erstrecken sich sowohl auf den Nachweis attraktiver als

auch repellenter Wirkungen. Der Umschlag von der Attraktivität der Essigsäure auf *Drosophila melanogaster* zur Reppellenz erfolgt zwischen 1 und 10% (BARROWS 1907; REED 1938). Als Testkonzentration für den attraktiven Bereich dient 10^{-2}%, für den Repellenzbereich 40%. Männchen und Weibchen werden getrennt getestet. Es handelt sich nicht um Hungertiere.
Von den verschiedenen Olfaktometer-Typen werden verglichen: das Durchlaufrohr, ein neu entwickeltes Trichterrohr, ein Zylindergefäß (Wahlkammer-Olfaktometer), das Y-Rohr und ein neu entwickeltes Stufenrohr.
Zu den Experimenten mit dem Durchlaufrohr werden einfache gerade Glasröhren verschiedener Ausmaße (Länge/Durchmesser: 45 cm/1 cm; 38 cm/2,8 cm; 54 cm/7 cm) ohne und mit Ansatzstück in der Mitte zum Einlassen der Insekten verwendet. Die Rohre sind beiderseits mit Dederon-Gaze verschlossen. Einseits erfolgt mittels Schliff Ansatz an den durfttragenden Luftstrom der olfaktome-

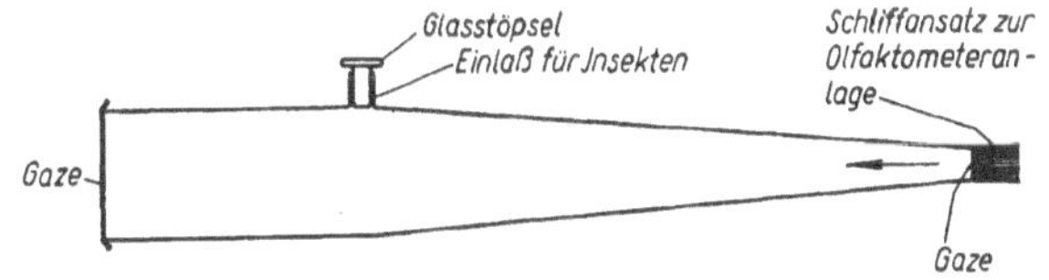

Abb. 5. Trichterrohr

trischen Anlage. Die Kontrolle der Verteilung der Fliegen im Rohr wird mittels einer unter dem Rohr hängenden Skala oder durch Unterteilung der Rohrlänge in 3 Bereiche vorgenommen.
Das Trichterrohr (Abb. 5) (Länge 51 cm, größter Durchmesser 7 cm, kleinster Durchmesser 1,5 cm) stellt im eigentlichen Sinne ebenfalls ein Durchlaufrohr dar. Die verengte Seite des beidseits durch Dederon-Gaze verschlossenen Rohres wird an den Duftstrom angeschlossen. Der Einlaß für die Insekten liegt 15 cm vom weiten Ende des Rohres entfernt und wird mit einem Glasstöpsel verschlossen. Auf dieser Strecke verändert sich der Durchmesser des Rohres nicht mehr. Die Rohrerweiterung führt zu einer Verlangsamung der Geschwindigkeit des Duftstromes, wodurch je Zeiteinheit weniger Duftstoffmoleküle auf die Antennen der Versuchstiere treffen. Während die Geschwindigkeit am Eingang des Rohres 15 cm/s beträgt, hat sie sich am erweiterten Ende auf 0,7 cm/s verringert. Es soll geprüft werden, ob der Effekt dieser Veränderung, der wahrscheinlich einer Konzentrationsänderung gleichkommt, im Verhalten der Fliegen seinen Ausdruck findet.
Das Zylindergefäß (Abb. 6) hat eine Länge von 25 cm und einen Durchmesser von 22 cm. Das von der olfaktometrischen Anlage abgewendete Ende des horizontal befestigten Zylinders ist mit Dederon-Gaze verschlossen. Am anderen Ende befinden sich 3 Öffnungen. Die mittlere dient zum Einlaß der Insekten und ist durch einen Glasstopfen verschließbar. Die beiden seitlich gelegenen Öffnungen (Durchmesser 3,5 cm) sind 12,5 cm voneinander entfernt. Sie dienen zum

Eintritt des Duft- und Kontrollstromes und sind ebenfalls durch Gaze abgegrenzt.

Zur Prüfung der Methode mit dem Y-Rohr (Abb. 7) dienen Rohre in zwei verschiedenen Größen. Das kleinere hat eine Stammlänge von 15 cm, Armlängen von 26 und 28 cm, einen Stammdurchmesser von 1,5 cm und Armdurchmesser von 1 cm. Die Armlängen sind unterschiedlich gewählt, um eine Verwechslung des Armes für den Duft und desjenigen für die Kontrolle auszuschalten. Durch den größeren Durchmesser des Stammes wird erreicht, daß in allen Bereichen des Y-Rohres die gleiche Strömungsgeschwindigkeit auftritt. Von der Verzwei-

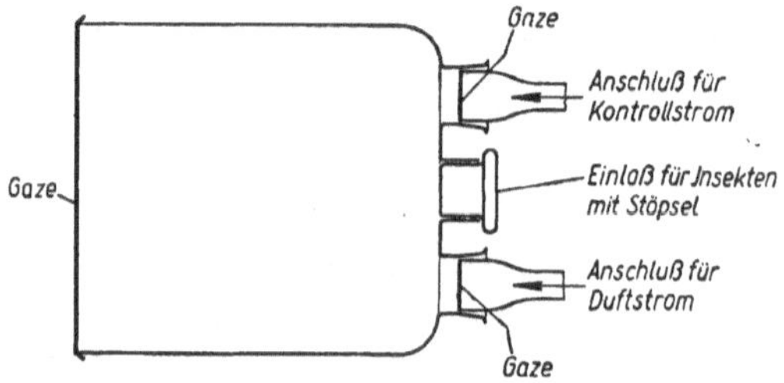

Abb. 6. Zylindergefäß (Wahlkammer)

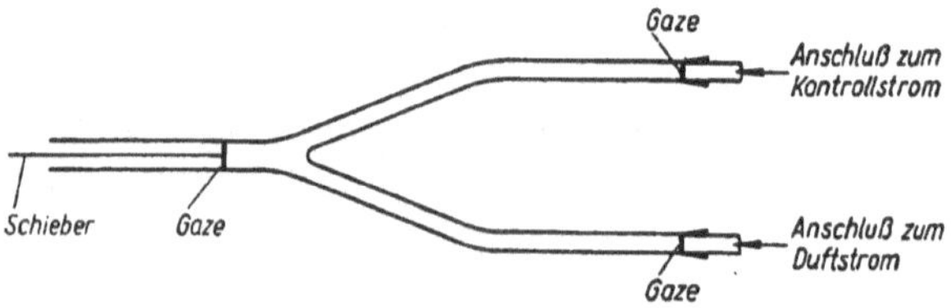

Abb. 7. Y-Rohr

gungsstelle des Rohres öffnen sich die Arme mit einem Winkel von 42°. Nach einer Strecke von 13 cm verlaufen sie parallel zueinander und zum Stammteil. Das größere Y-Rohr hat eine Stammlänge von 33 cm, Armlängen von 33 cm sowie Durchmesser von 5 cm. Der Öffnungswinkel der Arme beträgt 32 °, nach 23 cm verlaufen sie parallel. Ein zusätzlicher Stimulus wie Licht zur Aktivierung der Tiere hinsichtlich ihrer Teilnahme an der Reaktion wird nicht verwendet. Dagegen wird die Möglichkeit erprobt, die Insekten mit einem Schieber (Gaze-Verschluß) nach 1 Minute Aufenthalt im Stammteil bis auf 1 cm Entfernung an die Verzweigungsstelle heranzubringen und damit eine hochprozentige Teilnahme an der Reaktion zu gewährleisten.

Die von uns als Stufenrohr bezeichnete Vorrichtung (Abb. 8) stellt ein 51 cm langes Durchlaufrohr mit einem Durchmesser von 1 cm dar, in das in Abständen von 6,5 cm an einer Seite durch 6 ansetzende Glasrohre (Durchmesser 1 cm) duftfreie Luft eingeführt wird. Dadurch wird eine stufenweise Verdünnung des Duftstromes erreicht, und es kann beobachtet werden, wie sich die Testtiere in einem duftdurchströmten geraden Rohr konstanten Durchmessers bei Gegenwart des so erzeugten Duftgradienten verhalten. Die saubere Luft zuführenden Rohre sind vom Reaktionsrohr mittels durchlöcherter kleiner Glasplatten abgetrennt und den Insekten nicht zugängig. In der Mitte des Rohres befinden sich ein oberer und ein unterer Einlaß für die Testtiere, die mit Glasstöpseln verschlossen werden. Durch Einschaltung von 2 Zweiwegehähnen (Abstand voneinander 11,5 cm) links und rechts von den Eingangspforten werden die Insekten zunächst an einer Ausbreitung im Rohr gehindert. Mit Beginn des Experimentes werden die Hindernisse beseitigt. Das Reaktionsrohr ist beiderseits mit Gaze verschlossen.

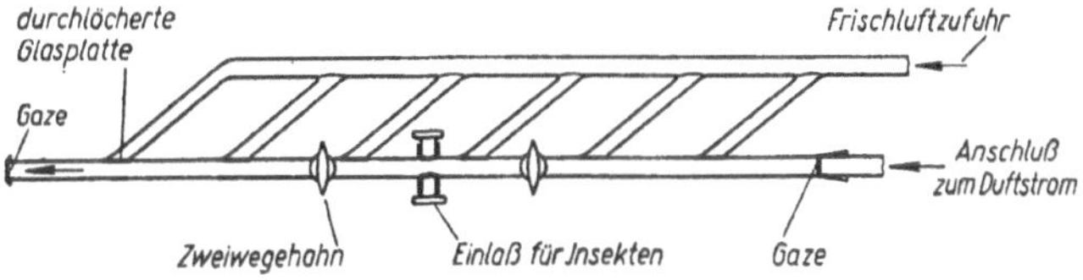

Abb. 8. Stufenrohr

Ergebnisse

1. Durchlaufrohr

Die mit Durchlaufrohren gewonnenen Ergebnisse sind etwas schwierig zu interpretieren, da die Bewertungsgrenzen am Rohr willkürlich gezogen werden müssen. Die Bewertung des Platzwechsels der Versuchsobjekte mit Hilfe einer unter dem Rohr angebrachten Skala erweist sich nicht als zweckmäßig und mag höchstens in Fällen außerordentlich starker Repellenz oder Attraktanz brauchbar sein. Meist aber sitzen die Tiere nicht nur an den Enden des Versuchsrohres, und wollte man ihre Verteilung skalenmäßig bewerten, würde zum Beispiel ein Insekt am negativen Pol mehrere andere auf der Attraktivseite, aber mehr zur Mitte sitzenden Tiere entwerten. Trifft man aber eine Einteilung in 3 Rohrabschnitte, einen Attraktanz-, einen Indifferenz- und einen Repellenzbereich, ist diese stets willkürlich, und das Ergebnis ändert sich mit der Größe dieser Abschnitte.
Aus Vorversuchen mit einer aus Süßkirschen gezüchteten Wildpopulation von *Drosophila melanogaster* ist deren anemotaktische Orientierungsfähigkeit gegenüber Attraktivgerüchen (Kirschsaft) ersichtlich. Diese erfolgt jedoch vornehmlich im größten der geprüften Durchlaufrohre, in denen sich die Tiere fliegend gegen den Duftstrom bewegen. Bei Verwendung 40%iger Essigsäure kann keine Ausrichtung von *Drosophila* im kleinen Durchlaufrohr beobachtet werden. Der Gebrauch von 10^{-2}%iger Essigsäure ergibt statistisch gesicherte Attraktivwerte von 57% für die Weibchen und 67% für die Männchen, wobei die Bewertung auf der Einteilung des Rohres in 3 Bereiche basiert (100% = Summe der Anzahl der Tiere im Attraktiv- und Repellenzbereich). Diese Werte sind im Verhältnis zur bekannten Attraktivwirkung von Essigsäure besonders für die Weibchen zu gering.
Im größten Rohr veranlaßt starke Phenollösung *Drosophila* zur Bevorzugung der vom Strom abgewandten Seite. Daß jedoch Repellentreaktionen im Durchlauf-

rohr und ganz besonders in den kleineren Rohren schwieriger darstellbar sind als Attraktivreaktionen, zeigen auch Untersuchungen mit anderen Objekten. Während unverdünntes Allylsenföl in Y-Rohren eine hochprozentige Repellenz gegenüber Rübenfliegen (*Pegomyia hyoscyami* Pz.) (gezüchtet aus Puppen, die aus Abwasserteichen der Zuckerfabriken stammen) zeigt, ruft es in Durchlaufrohren lediglich eine nicht gerichtete Aktivierung der Fliegen hervor. Auch auf *Meligethes* spp. (Wildpopulation) wirkt es stark aktivierend und induziert Flugbewegungen, ohne daß eine Einstellung zur Strömungsrichtung erfolgt. Unverdünnte Buttersäure ruft im großen Rohr bei Hausfliegen (Wildpopulation) ebenfalls nur gesteigerte Erregung hervor. *Periplaneta americana* (L.) (Wildpopulation) wandert bei Einwirkung von Dimethylphthalat zunächst mit dem Strom, verteilt sich aber nach 6 Minuten wieder über das ganze Rohr. Offenbar hängt die Eignung der Durchlauf-Methode auch sehr von der verwendeten Species und den ihr eigenen Orientierungsgewohnheiten ab. Auf Grund dessen sowie des willkürlichen Bewertungsmaßstabes und der Schwierigkeiten bei der Darstellung von Repellentreaktionen kommt diese Methode für Reihentestungen zu den gewünschten Zwecken nicht in Frage.

2. Trichterrohr

Auch bei Verwendung des Trichterrohres kann nur eine willkürliche Abgrenzung der einzelnen Bereiche erfolgen. Diese kann so aussehen, daß man den gleichmäßig weiten Teil als Repellenzbereich, eine schmale Zone am Einlaß für die Insekten als Indifferenzbereich, den übrigen sich verengenden Teil als Attraktivbereich betrachtet. Bei Verwendung dieser Einteilung zeigt sich, daß Attraktiv- und Repellentwirkungen von Essigsäure auf *Drosophila melanogaster* nachweisbar sind. Für eine 10^{-2}%ige Konzentration ergeben sich statistisch gesicherte Attraktiv-Werte von 63% für die Weibchen und 66% für die Männchen (100% = Summe der Fliegen im Attraktiv- und Repellenzbereich). Die Meidung der 40%igen Essigsäure ist besonders deutlich. Im Repellenzbereich halten sich von den geprüften Weibchen 83% auf, die fast ausschließlich an der das Rohr verschließenden Gaze sitzen. Im duftfreien Luftstrom tritt keine Ausrichtung ein.

Während die Attraktivreaktion relativ schnell erfolgt und die Fliegen bereits nach 2 Minuten meist keine Ortsbewegungen mehr ausführen, kommen die Tiere bei Repellentkonzentrationen nur schwer zur Ruhe. Noch 25 Minuten nach Beginn des Tests wechseln diejenigen unruhig ihre Plätze, die nicht im Repellenzbereich an der Gaze sitzen. Offenbar ist der stimulatorische Effekt der Repellentkonzentration stärker als derjenige der Attraktivkonzentration. Hierin mag auch mit eine der Ursachen liegen, warum in Durchlaufrohren Repellenz schwieriger nachweisbar ist als Attraktanz. Die gesteigerte Unruhe der Tiere treibt sie von einem Ende des Rohres zum anderen. Hughes (1957) zeigt in Untersuchungen über die stimulatorische Wirkung verschiedener Chemikalien auf Tsetse-Fliegen (*Glossina* spp.) und *Phormia terraenovae* R.-D., daß die Aktivität der Fliegen linear mit der Konzentration der Dämpfe zunimmt. Wahrscheinlich ist dies ein allgemein zutreffendes Prinzip.

Obwohl mit dem Trichterrohr sowohl Attraktiv- als auch Repellentreaktionen darstellbar sind, ist es auf Grund der dargelegten Mängel für unsere Zwecke nicht bestgeeignet.

3. Zylindergefäß

In der von uns geprüften Wahlkammer lassen sich an *Drosophila melanogaster* bei Einwirkung attraktiver und repellenter Konzentrationen von Essigsäure keine eindeutigen Reaktionen nachweisen. Die Fliegen werden aktiviert, doch verteilen sie sich meist regellos an den Wänden des Glasgefäßes. Wie oben angeführt, tritt bei Untersuchungen mit Wahlkammern häufig die Schwierigkeit auf, die Tiere zur Teilnahme an der Reaktion zu bewegen, und es bedarf dazu eines besonderen Stimulus. Auch die Repellenz von Allylsenföl auf Rübenfliegen und die Repellenz der im Pflanzenschutz angewendeten organischen Nitroverbindung DNOC gegenüber Honigbienen (siehe unten) ist im Zylindergefäß nicht nachweisbar.

4. Stufenrohr

Zur Einschätzung der Reaktionen werden die Zone zwischen den beiden Zweiwegehähnen als Indifferenzbereich, die dem Strom zugewendete Seite als Attraktivbereich, die vom Strom abgewendete Seite als Repellenzbereich betrachtet. An jedem Versuch nehmen 100 *Drosophila melanogaster* teil. Bei Verwendung 40%iger Essigsäure verlassen 63% der Weibchen und 81% der Männchen den Indifferenz-Raum. Von diesen zeigen statistisch gesichert 88% der Weibchen und 90% der Männchen eine Repellentreaktion. Nach etwa 5 Minuten hat der Hauptteil der Tiere gewählt, und nach etwa 15 Minuten treten kaum noch Veränderungen auf.

Weniger einheitlich sind die Versuche mit 10^{-2}%iger Essigsäure. In einer Versuchsreihe verlassen 69% der Weibchen und 75% der Männchen den Indifferenzbereich. Von diesen zeigen 70% der Weibchen und 73% der Männchen eine Attraktivreaktion. Zur Einstellung eines unveränderlichen Endzustandes sind 20—30 Minuten erforderlich. In manchen Versuchen mit der Attraktivkonzentration kann es vorkommen, daß die Fliegen beim Öffnen der Hähne dem plötzlich einsetzenden Duftstrom nach der Repellentseite hin ausweichen. Dadurch entstehen verzerrte Ergebnisse. Der gleiche Fehler kann, weniger auffällig, in die Repellentreaktion eingehen. Mitunter verlassen aber auch die Fliegen den Indifferenzraum nur sehr zögernd, und ein großer Teil verbleibt dort. Die Repellenz von unverdünntem Allylsenföl auf Rübenfliegen-Weibchen ist im Stufenrohr eindeutig nachweisbar. Nach 1—2 Minuten halten sich alle Fliegen im Repellenzbereich auf.

Die Ergebnisse zeigen, daß Repellenz und Attraktanz im Stufenrohr nachweisbar sind. Werden die Frischluftzufuhren abgeschaltet, wonach das Rohr einem engen Durchlaufrohr entspricht, erfolgt weder bei *Drosophila* noch bei Rübenfliegen eine Orientierung. Obwohl sich durch eine Verfeinerung der Methode sicher noch mancher Mangel überwinden läßt, lassen uns vorläufig die Schwierigkeiten bei der Testung von Attraktants und die relativ langen Reaktionszeiten von dieser Methode Abstand nehmen.

5. Y-Rohr

Im Y-Rohr-Olfaktometer bringt der eine Arm des Y-Rohres den Duftstrom, der andere den Kontrollstrom. Beide fließen an der Verzweigungsstelle zusammen. In den von uns gewählten Y-Rohren durchfließt der vereinigte Strom den gesamten Stamm der Rohre und tritt an dessen Ende aus. Diese Form hat gegenüber den Y-Rohren, bei denen die Luft durch ein besonderes Austrittsrohr an der Verzweigungsstelle abgeleitet wird, den Vorteil, daß die Insekten bereits vor der Wahlhandlung mit dem Duftstoff in Berührung kommen. Sie werden dadurch aktiviert und nehmen leichter an der Reaktion teil. An der Verzweigungsstelle stehen ihnen dann nicht eine dem Stamm gleiche duftfreie Umgebung und eine den Duft enthaltende Umgebung zur Verfügung, sondern sie wählen den Schritt von einer mittleren zu einer höheren Konzentration oder zum duftfreien Kontrollstrom. Es handelt sich dabei praktisch um einen auf engen Raum zusammengedrängten Konzentrationsgradient. Untersuchungen an verschiedenen Objekten (siehe unten) zeigen, daß die Insekten nicht blindlings in einen der beiden Schenkel hineinlaufen, sondern häufig an der Verzweigungsstelle kurz anhalten und auch eine bereits eingeschlagene Richtung mitunter korrigieren.

An der Verzweigungsstelle des Y-Rohres sind die Insekten sowohl einem Duftgefälle als auch der Strömung der sich mischenden duftfreien und duftbeladenen Luft ausgesetzt. Die Luftbewegung zieht das Reizgefälle in der Strömungsrichtung aus. Unregelmäßigkeiten im Konzentrationsgefälle an der Vereinigungsstelle des dufttragenden und duftfreien Stromes sind nicht ganz zu vermeiden, doch treiben unter natürlichen Bedingungen die Duftmolekeln im strömenden Medium auch nicht in parallelen Strähnen, sondern — durch Geländehindernisse und Strömungsschwankungen bedingt — in unregelmäßigen Duftschwaden dahin. Die Kombination Duftströmung und Konzentrationsgefälle entspricht durchaus den natürlichen Gegebenheiten.

Für die Orientierung mancher Insekten spielt unter diesen Bedingungen sicher die anemotaktische Komponente eine Rolle, zumindest bei Reaktion auf Attraktivgerüche. Eine weitere wesentliche Komponente im Orientierungsgeschehen scheint das phobische Prinzip (Klinokinese) zu sein. Gelangt das Insekt in den Arm des Y-Rohres, den es als ungünstige Umgebung empfindet, kann es Wendungen vollführen, dadurch zur Verzweigungsstelle zurücklaufen und bei Eintritt in den Arm mit günstigerem Milieu den Weg geradeaus fortsetzen und schließlich zur Ruhe gelangen. Häufig kann man beobachten, daß die Testtiere in dem bevorzugten Arm des Y-Rohres weiter vordringen als in dem gemiedenen. Es ist anzunehmen, daß bei zahlreichen Insekten auch die vorwiegend für die Nahorientierung bedeutungsvolle Osmotropotaxis (oder eine Klinotaxis) bei der Duftorientierung beteiligt ist. LINDAUER und MARTIN (1963) weisen die tropotaktische Komponente in der Orientierung von Bienen im Y-Rohr nach. Der steile Konzentrationsgradient an der Verzweigungsstelle des Y-Rohres stellt für

das Wirken dieses Mechanismus eine günstige Voraussetzung dar, wodurch die Orientierung stabilisiert wird.
Die Versuchstiere werden vor Beginn des Experimentes am Stammende eingesetzt und dürfen den Stamm vor Ansatz des Rohres an die beiden Ströme nicht verlassen. Bei langsam beweglichen Insekten wie *Sitophilus* ist das sehr einfach. Für Fliegen wie *Drosophila* kann die Lichtattraktion dazu dienen, ihr Vordringen im Stamm bis zum Beginn des Versuches zu verhindern.
Als Bewertungsmaßstab dient die Verteilung der Testinsekten in den Abschnitten des Y-Rohres. Das Reaktionsmaß findet Ausdruck als Prozentsatz der Tiere, die den Duft- bzw. Kontrollarm wählen, wobei als Bezugsgröße die Zahl der an der Wahlhandlung teilnehmenden Tiere dient. Da sich nach dieser Bewertung die Anzahlen der Tiere im Kontroll- und Duftarm stets zu 100% ergänzen, genügt es, einen der beiden Werte zu errechnen. Wählt man dafür den Attraktivwert aus, so ergibt sich:

$$\text{Reaktionswert (R)} = \frac{\text{Anzahl der Insekten im Duftarm (D)}}{\begin{array}{c}\text{Summe der Anzahlen der Insekten}\\ \text{im Duft- und Kontrollarm (D + K)}\end{array}} \times 100\%$$

Es ergeben sich dabei für R Werte von 0—100%, wobei Werte über 50 Attraktivität, Werte unter 50 Repellenz anzeigen. Die statistische Auswertung umfangreicher Untersuchungen belegt, daß Werte von 40—60% im allgemeinen als indifferent zu betrachten sind. So kann folgende Einteilung getroffen werden:

0 — 20%	entspricht	starker Repellenz,
20— 40%	”	mäßiger bis schwacher Repellenz,
40— 60%	”	Indifferenz,
60— 80%	”	schwacher bis mäßiger Attraktanz,
80—100%	”	starker Attraktanz.

Beobachtungszeiten von maximal 10 Minuten erweisen sich als ausreichend. Bis zu 5 Minuten wird die Verteilung in Minutenabständen notiert (Gebrauch einer Stoppuhr). Da danach kaum noch Änderungen auftreten, erfolgt eine weitere Zählung in der 10. Minute. Den R-Werten liegen die Werte der letzten Zählung zugrunde.
Fließt durch beide Arme des Y-Rohres ein reiner Luftstrom, verteilen sich die Testinsekten gleichmäßig in allen Abschnitten.
Vergleichende Untersuchungen über die Wirkung von 10^{-2}%iger und 40%iger Essigsäure auf *Drosophila melanogaster* im kleinen und großen Y-Rohr (siehe oben) führen zu folgenden Ergebnissen: Im größeren Versuchsrohr ist die Teilnahme der Fliegen an der Wahlhandlung um durchschnittlich 10% geringer als im kleineren. Die R-Werte für die 10^{-2}%ige Essigsäure sind bei Weibchen 85% im kleinen Rohr und 70% im großen, bei Männchen 86% im kleinen Rohr und 75% im großen. Für die 40%ige Essigsäure betragen die R-Werte bei Weibchen 20% im kleinen und 30% im großen Rohr, bei Männchen

19% im kleinen und 25% im großen Rohr. Aus diesen Werten ist zu schlußfolgern, daß die Größe des Versuchsrohres dasErgebnis zu variieren vermag. In Rohren beider Größen sind Attraktanz und Repellenz einwandfrei darstellbar, doch ist im großen Y-Rohr der Prozentsatz der die Kontrollseite wählenden Fliegen sowohl bei Attraktiv- als auch bei Repellentreaktionen größer als im kleinen Rohr. Vielleicht liegt die Ursache dafür darin, daß im größeren Rohr die Strömungsorientierung mehr in den Vordergrund tritt (Flug der Insekten) und der jähe Konzentrationszuwachs an der Verzweigungsstelle zu einer stärkeren Ausweichreaktion führt.

Die geringere Teilnahme der Fliegen an der Wahlhandlung im großen Y-Rohr kann durch folgende Beobachtungen erklärt werden: Die meisten der geprüften Versuchsobjekte zeigen bei gleichbleibender Reizung durch Geruchsstoffe keine Dauererregung, sondern nach etwa 5 Minuten (variabel je nach Objekt) tritt eine Beruhigung ein, der eventuell nach einiger Zeit eine nochmalige Erregung folgen kann. Die erste Erregungsphase muß genutzt werden, die Insekten wählen zu lassen. Ist der Durchmesser der Rohre zu groß, so läuft mitunter die Erregung ab, ohne daß die Verzweigungsstelle erreicht wird. Der Rohrdurchmesser muß einmal der Größe der Versuchsobjekte angepaßt sein, zum anderen aber eine Übertragung der durch die Erregung stimulierten Fortbewegungen in eine gerichtete Bewegung zur Verzweigungsstelle hin gewährleisten. Auch in Untersuchungen über die Repellenz von Allylsenföl auf Rübenfliegen im großen Y-Rohr kann beobachtet werden, daß bei Wahl zu großer Versuchsrohre die Erregungsphase der Fliegen während des kreisförmigen Laufens im Stammteil vorübergeht, ohne daß eine deutliche Reaktion auf den Duftstoff zum Ausdruck kommt. Auch der unterschiedliche Strömungsverlauf in engen und weiten Rohren mag für die Differenzen in den Ergebnissen mit verantwortlich sein.

Drosophila melanogaster ist ein sehr reaktionsbereites Objekt, und im allgemeinen reicht im kleinen Y-Rohr, das ausschließlich für weitere Untersuchungen benutzt werden soll, der stimulatorische Effekt des Duftes aus, um den größten Teil der Fliegen an der Wahlhandlung teilnehmen zu lassen. Je höher jedoch dieser Prozentsatz ist, um so aussagekräftiger ist der Test. Außerdem gibt es Versuchsobjekte, wie zum Beispiel *Sitophilus oryzae*, die wesentlich reaktionsträger sind. Aus diesen Gründen erweist es sich zweckmäßig, die Tiere durch langsames Schieben mit einem luftdurchlässigen Schieber (Gaze-Bespannung) vorsichtig bis auf etwa 1 cm an die Verzweigungsstelle heranzubringen. Dieses Vorschieben erfolgt erst nach 1 Minute Reaktionszeit. Die Auswirkung dieser Maßnahme auf das Reaktionsergebnis ergibt sich aus folgendem Vergleich. Der Anteil der an der Wahlhandlung teilnehmenden Essigfliegen steigt durch das Vorschieben durchschnittlich um 10% der Gesamtzahl der ins Versuchsrohr eingesetzten Tiere. Der Endzustand der Reaktion stellt sich um etwa 1 Minute früher ein. Die R-Werte betragen bei 10^{-2}%iger Essigsäure für 4 Tage alte Weibchen 85% ohne Vorschieben und 87% mit Vorschieben, für 4 Tage alte Männchen 86% ohne Vorschieben und 76% mit Vorschieben.

Um zu überprüfen, inwieweit Fehlentscheidungen im Wahlverhalten von *Drosophila melanogaster* im Y-Rohr auftreten und korrigiert werden, soll der Reaktionsverlauf bei einer Attraktiv- und einer Repellentkonzentration in der Zeit verfolgt werden (Abbildung 9). Daraus ergibt sich, daß ein geringer Prozentsatz Fehlentscheidungen in der 2. Minute der Reaktionszeit auftritt, und zwar unabhängig vom Charakter der Reaktion stets auf der Seite des Y-Rohres, die nicht dem jeweiligen Reaktionsverlauf entspricht; bei Repellenz liegen die Fehlentscheidungen im Duftarm, bei Attraktanz im Kontrollarm. Diese Fehlent-

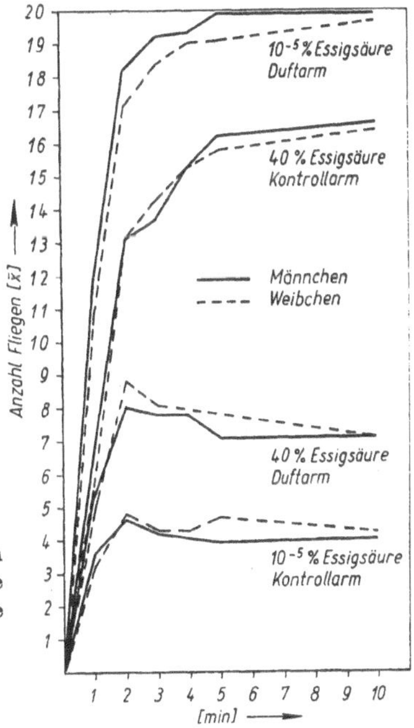

Abb. 9. Zeitlicher Verlauf der Reaktion von *Drosophila melanogaster* auf 10^{-5}%ige und 40%ige Essigsäure (durchschnittliche Reaktion aller Altersstufen)

scheidungen werden, wie aus dem Diagramm ersichtlich ist, bis zur 10. Minute korrigiert. Die Irrtumswahrscheinlichkeit ist also bei vom Typischen abweichenden Reaktionen größer als bei dem typischen Verhalten. Außerdem muß in Betracht gezogen werden, daß nach der Wahl des als günstige Umgebung empfundenen Armes schneller eine Beruhigung der Insekten auftritt als bei einer Fehlentscheidung. Der Arm mit der ungünstigeren Umgebung erhält die Aktivität länger aufrecht, wodurch eine Korrektur ermöglicht wird.

Das Y-Rohr in den von uns geprüften Ausmaßen gestattet, wie oben beschriebene Untersuchungen zeigen, den Nachweis attraktiven, indifferenten und repellenten Verhaltens gegenüber Duftstoffen gleichermaßen gut. Durch die Form des Rohres ist der Bewertungsmaßstab weniger willkürlich als bei den Reaktionsbehältern ohne klare Abgrenzung der zur Wahl gestellten Bereiche. Dies fördert die Erzielung reproduzierbarer Ergebnisse. Die von uns verwendete

Modifikation der Y-Rohr-Methode gewährleistet die Teilnahme eines hohen Prozentsatzes (mindestens 90%) der Versuchstiere an der Reaktion und liefert schnell Ergebnisse. Ein Versuch beansprucht maximal 10 Minuten. Bei wechselweisem Gebrauch mehrerer Y-Rohre, die an die olfaktometrische Anlage mittels Schliff angesetzt werden, läßt sich in 50 Minuten eine statistisch zu sichernde Einschätzung der Wirkung eines Mittels bei dessen Prüfkonzentration geben. Die Zeit zwischen der 5. und 10. Beobachtungsminute kann zum Einsetzen der Objekte in ein Y-Rohr für den darauffolgenden Versuch dienen. Die Bedienungsweise ist denkbar einfach und beschränkt sich, nachdem die olfaktometrische Anlage einmal errichtet ist, auf das Ein- und Auslassen der Tiere, das Auswechseln der Y-Rohre und bei Verwendung eines neuen Prüfstoffes die Säuberung der Glasteile und das Einfüllen der Substanz in den Duftbehälter.
Untersuchungen mit *Drosophila melanogaster* Meig., *Musca domestica* L., *Pegomyia hyoscyami* Pz., *Anthomyia pluvialis* L. (alles Dipt.), *Sitophilus oryzae* (L.), *S. granarius* L., *Tribolium confusum* Duv., *Meligethes* spp., *Phyllotreta undulata* Kutsch., *Ph. atra* Fabr., *Sitona humeralis* Steph., *Apion pisi* F. (alles Coleopt.), *Apis mellifica* L. (Hymenopt.), *Plodia interpunctella* Hbn. (Lepidopt.) und *Exolygus rugulipennis* Poppius (Hemipt.) zeigen, daß die Y-Rohr-Methode für Tests mit zahlreichen Insektenarten brauchbar ist. Weniger geeignet scheint sie für Beobachtungen an Thripsen zu sein, die sich am Glas festsaugen, wenig Aktivität im Rohr zeigen und auch schwierig wieder aus dem Rohr zu entfernen sind. Da das Y-Rohr-Olfaktometer für Reihenuntersuchungen chemischer Stoffe auf olfaktorische, attraktive und repellente Wirkungen gegenüber Insekten als geeignete Methode erscheint, werden im folgenden Abschnitt ein bekanntes Beispiel mit dieser Methode demonstriert und die Einwirkung endogener und exogener Faktoren auf das Versuchsergebnis untersucht.

2.2.3.3. Test-Beispiel mit dem Y-Rohr-Olfaktometer, die Konzentrationsrelationen zwischen den Wirkungen im Olfaktometer und im freien Raum und die Beeinflußbarkeit der Ergebnisse durch endogene und exogene Faktoren

Als hauptsächliches Testbeispiel dient wiederum die Reaktion von *Drosophila melanogaster* gegenüber Essigsäure. In einer Versuchsreihe werden die Fliegen im Y-Rohr bei einer Strömungsgeschwindigkeit von 30 cm/s in Zehnerpotenzen abgestuften Konzentrationen von Essigsäure im Bereich von 10^{-6} bis 100% sowie zusätzlichen Konzentrationen zwischen 1 und 100% ausgesetzt. Die Untersuchungen erfolgten getrennt nach Geschlechtern und nach dem Alter der Fliegen in Tagen (1–9).
Zunächst soll die prozentuale Verteilung der Essigfliegen in den verschiedenen Abschnitten des Y-Rohres nach der Reaktion auf die unterschiedlichen Essigsäure-Konzentrationen (nach 10 Minuten) betrachtet werden (Tabelle 6).
Aus einer solchen Betrachtung ergibt sich eine durchschnittliche Reaktionsteilnahme der Männchen von 92% und der Weibchen von 95%. Die allmähliche Veränderung der Reaktion von attraktiv über indifferent zu repellent mit stei-

TABELLE 6:

Prozentuale Verteilung von *Drosophila melanogaster* im Y-Rohr-Olfaktometer bei Einwirkung von Essigsäure (Mittelwerte aller Altersstufen)

Konzentration der Essigsäure im Duftbehälter	Stamm		Duftarm		Kontrollarm	
	Männchen	Weibchen	Männchen	Weibchen	Männchen	Weibchen
10^{-6}	6	7	78	78	16	15
10^{-5}	5	6	79	77	16	17
10^{-4}	17	7	63	77	20	16
10^{-3}	19	5	56	58	25	37
10^{-2}	9	6	67	77	24	17
10^{-1}	5	4	62	66	33	30
1	7	4	60	62	33	34
10	7	4	37	38	56	58
20	10	9	31	33	59	58
40	5	6	28	29	67	65
60	4	3	25	23	71	74
100	4	4	6	9	90	87

gender Konzentration ist sowohl aus den Anzahlen der Insekten im Duftarm als auch aus denjenigen im Kontrollarm einwandfrei erkennbar. Der Umschlagspunkt liegt zwischen 1 und 10%iger Essigsäure. Überprüfung der Reaktion auf 5%ige Essigsäure mit einzelnen Altersstufen ergibt, daß diese Konzentration indifferent wirkt. Noch deutlicher finden die Veränderungen der Reaktionen in den R-Werten ihren Ausdruck (Tabelle 7). Danach lassen sich folgende Wirkungsbereiche abgrenzen: starke Attraktanz wird auf Weibchen von 10^{-6} bis 10^{-4}

TABELLE 7:

R-Werte (Mittelwerte aller Altersstufen) der Reaktionen von *Drosophila melanogaster* auf verschiedene Konzentrationen von Essigsäure.

Konzentration Essigsäure	R-Werte der Männchen in %	R-Werte der Weibchen in %
10^{-6}	83	83
10^{-5}	84	82
10^{-4}	75	83
10^{-3}	67	59
10^{-2}	74	81
10^{-1}	65	69
1	64	65
10	40	40
20	34	36
40	30	31
60	26	24
100	7	9

%iger, auf Männchen von 10^{-6} und 10^{-5}%iger Essigsäure ausgeübt; mäßige bis schwache Attraktanz geht von den Konzentrationen 10^{-3} bis 1% für Weibchen und 10^{-4} bis 1% für Männchen aus; zwischen 1 und 10% liegt der wenig ausgedehnte Indifferenzbereich (für Einzelindividuen handelt es sich im Fall der Reaktion von Drosophila auf Essigsäure wahrscheinlich um einen Umschlagspunkt, für praktische Belange muß aber stets von einem Indifferenzbereich gesprochen werden); Konzentrationen von 10 bis 60% wirken auf beide Geschlechter schwach bis mäßig repellent, die Konzentration 100% wirkt stark repellent (siehe auch Abb. 10).

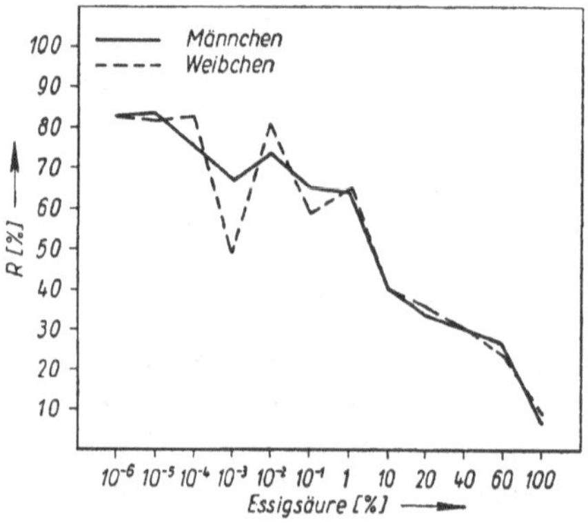

Abb. 10. Reaktion von ***Drosophila melanogaster*** auf verschiedene Konzentrationen von Essigsäure (Mittelwerte aller Altersstufen)

In den Konzentrationsbereichen unter 10^{-1}% und über 20% lassen sich die Differenzen der Einzelergebnisse (Reaktionen bestimmter Altersstufen eines Geschlechtes auf eine bestimmte Konzentration) zum Kontrollversuch ohne Dufteinwirkung (gleichmäßige Verteilung der Versuchstiere in den Rohrabschnitten) mit 4 Wiederholungen fast durchweg statistisch sichern ($P = 0{,}1$% bis 1%, selten 5%). Bei 10^{-1}% und 20% sinkt die Anzahl der signifikanten Werte, und bei 1 und 10% treten nur vereinzelt signifikante Differenzen auf. Diese Abstufung entspricht der Annäherung an den Indifferenzbereich, es kann jedoch geschlußfolgert werden, die Anzahl der Wiederholungen auf 5 zu erhöhen, was in späteren Untersuchungen geschieht.

Es ist von theoretischem Interesse zu wissen, welche Konzentrationen von Essigsäure im Y-Rohr nun tatsächlich auf die Antennen der Insekten treffen und die angeführten Reaktionen auslösen. Der durch den Duftstoff perlende Luftstrom nimmt eine vom Dampfdruck der Prüfsubstanz bei der gegebenen Temperatur abhängige Duftstoffmenge auf. Davon ausgehend kann die Konzentration des Duftstoffes in Luft, Sättigung vorausgesetzt, berechnet werden. Tabelle 8 zeigt diese Werte für unser Beispiel. Die angegebenen Werte sind nur bis etwa 10 Vol.-% Essigsäure in der flüssigen Phase verwendbar, die Werte für höhere Konzentrationen dienen lediglich der Information.

TABELLE 8:

Essigsäurekonzentration in der Gasphase eines Essigsäure-Wasser-Gemisches bei +22 °C in Abhängigkeit von der Essigsäurekonzentration in der flüssigen Phase (nach der Labormitteilung Nr. 22/1964 des Physikalisch-Technischen Institutes des VEB Farbenfabrik Wolfen)

Volumenprozent Essigsäure in der flüssigen Phase	Molprozent Essigsäure in der gasförmigen Phase
10^{-6}	$1{,}874 \cdot 10^{-7}$
10^{-5}	$1{,}874 \cdot 10^{-6}$
10^{-4}	$1{,}874 \cdot 10^{-5}$
10^{-3}	$1{,}874 \cdot 10^{-4}$
10^{-2}	$1{,}874 \cdot 10^{-3}$
10^{-1}	$1{,}876 \cdot 10^{-2}$
1	$1{,}889 \cdot 10^{-1}$
10	2,040
20	4,475
50	15,78
100	100

Aus Tabelle 8 ist ersichtlich, daß bei Verwendung unterschiedlicher Zusammensetzungen eines binären Flüssigkeitsgemisches im Duftbehälter entsprechend abgestufte Konzentrationswerte in der Gasphase und somit in durchströmender Luft resultieren. Die Berechnung der Konzentrationswerte in der Gasphase ist für Mehrstoffsysteme, wie es die Schädlingsbekämpfungsmittel in der Regel sind, jedoch schwierig bzw. unmöglich (wenn in der Literatur keine experimentellen Werte vorliegen), da die thermodynamischen Daten eines Gemisches nicht aus den Werten für die reinen Komponenten zu berechnen sind. Geht man von den praktischen Belangen aus, so interessiert weniger die auf das Insekt auftreffende Konzentration eines Prüfstoffes (zumal sich diese im Bereich der sich über dem Mittel bildenden Dufthaube bzw. Duftfahne (Duftfächer) mit der Entfernung von der Duftquelle und durch Luftbewegungen (Wind usw.) ändert), sondern die Kenntnis der Wirkung, die von der tatsächlichen Konzentration des vorliegenden Prüfstoffes ausgeht. Aus diesem Grund erscheint der Vergleich der Wirkungen der im Duftgefäß der Laboranlage vorliegenden und der im Freiland verwendeten Konzentrationen zweckmäßiger als eine Berechnung der Konzentrationen in der Gasphase. Würde letztere erfolgen, wäre zu Vergleichszwecken auch eine Berechnung der unter natürlichen Verhältnissen vorliegenden Konzentrationen in der Dufthaube erforderlich, die mit noch größeren Schwierigkeiten verbunden und exakt unmöglich ist. Aus praktischen Gründen wird deshalb auch der Verwendung in Zehnerpotenzen abgestufter Verdünnungsreihen im Duftstoffbehälter des Olfaktometers der Vorzug gegeben vor der Herstellung eines definierten Luft-Duftstoff-Gemisches durch Sättigung (Ausgehen von der unverdünnten Substanz) und Mischung mit einem gemessenem Volumen reiner Luft.

Nicht selten treten bei der Übertragung von Laborergebnissen über die sinnesphysiologische Wirkung von Duftstoffen auf Freilandverhältnisse

TABELLE 9:
Durchschnittliche Anzahlen in Lockfallen mit Essigsäure gefangener *Drosophila melanogaster*

Konzentration der Essigsäure in Prozent	Anzahl der Männchen in Fallen	Anzahl der Weibchen in Fallen
10^{-6}	2	2
10^{-5}	4	2
10^{-4}	5	2
10^{-3}	2	1
10^{-2}	4	1
10^{-1}	24	15
1	44	48
10	104	138
20	36	46
40	17	22
60	11	4
100	2	1
Destilliertes Wasser . . .	2	3
Summe . . .	257:13 = 20	285:13 = 22

Schwierigkeiten auf. Dafür ist sicher nicht nur ein Faktor verantwortlich. Der Komplex der oben erwähnten im Freiland wirksamen Faktoren vermag die Wirkung des einen Faktors zu variieren. Ein weiterer Grund für solche Schwierigkeiten kann auch in der ungenügenden Beachtung der Unterschiede zwischen Kontakt- und Fernrepellenz hinsichtlich der Prüfmethoden liegen. Außerdem aber scheint sich ein wesentlicher anderer Fehler abzuzeichnen. Die Fakten, daß unter natürlichen Bedingungen attraktive Substanzen (z.B. Pflanzenextrakte) im Olfaktometer repellent wirken können (SNAPP and SWINGLE 1929 a, b; GÖRNITZ 1956) oder im Olfaktometer repellente Substanzen im Freiland an Wirkung einbüßen (CHAMBERLAIN 1959; THOMAS and CHAMBERLAIN 1959), legen die Vermutung nahe, daß hierfür ungenügend beachtete Konzentrationsrelationen verantwortlich sind.

Während bei Experimenten mit Versuchsrohren die gesamte vom Luftstrom aufgenommene Duftstoffmenge den Insekten zugetragen wird, tritt im freien Raum eine vielfache und mit der Entfernung von der Duftquelle steigende Verdünnung des Duftstoffes ein. Daraus kann der Schluß gezogen werden, daß im freien Raum zur Erzielung gleicher Reaktionen höhere Konzentrationen des Prüfstoffes erforderlich sind. Entsprechend müssen unter natürlichen Verhältnissen attraktiv wirkende Chemikalien zur Erlangung einer gleichen Reaktion im Olfaktometer wesentlich verdünnter angewendet werden.

Um diese Beziehungen zu überprüfen, wurden die mit dem Y-Rohr-Olfaktometer gewonnenen Resultate mit den Fangergebnissen von Lockfallen in einem 7,5 m × 5 m × 3,5 m großen Raum verglichen. Als Fallen dienten 100 ccm fassende weiße gläserne Weithalsflaschen, auf die ein 10 cm langer weißer Papiertrichter mit 1 cm breitem umgefalteten Rand (als Anflugfläche für die Fliegen) aufgesetzt wurde. Der Trichter ragte etwa 2,5 cm über die Flasche hinaus. Sein oberer größter Durchmesser betrug 3,2cm, sein unterer kleinster 0,5 cm. Durch den Trichter werden gefangene Fliegen am Entweichen gehindert. In der Flasche befand sich ein mit Watte gefülltes Glasröhrchen (Länge 4 cm, Durchmesser 1,2 cm), in das 2 ml der zu prüfenden Flüssigkeit getropft wurden. Die Aufstellung der Fallen erfolgte im Block mit zufälliger Verteilung der Versuchseinheiten. Die 4 Wiederholungen wurden an getrennten Tagen durchgeführt, da eine zu große Anzahl Fallen im Raum die Ergebnisse verschleiert. Sie erfolgten bei 22 °C und der relativen Luftfeuchtigkeit von 45%. Die Röhrchen der Kontrollfallen enthielten destilliertes Wasser. Die Fallen wurden nachmittags um 16 Uhr aufgestellt und am nächsten Tag um 10 Uhr zugestöpselt, worauf Zählung der gefangenen Fliegen und Sortieren der Geschlechter erfolgte. Etwa 750 Versuchstiere (*Drosophila melanogaster*) wurden bei Beginn des Versuches im Raum freigelassen.

Betrachtet man als Bezugsgröße für die in den Fallen gefangenen Fliegen $^1/_{13}$ ihrer Gesamtzahl, das heißt die Anzahl Fliegen, die bei gleicher Verteilung auf jede Falle zählen würde, so gelangt man zu folgender Einschätzung: Die Konzentrationen von 10^{-6} bis 10^{-2}% sind für eine Fernwirkung zu schwach. Der Attraktivbereich umfaßt die Konzentrationen von 10^{-1} bis 40%, sein Höhepunkt liegt bei 10%. Legt man als Bezugsgröße die Fänge in den Kontrollfallen zugrunde, so gelangt man zu etwa den gleichen Schlußfolgerungen. Eine Repellentwirkung (bei 60 und 100%) kommt im Fallenversuch, wenn das Repellent nicht mit einem Attraktant kombiniert ist, der Indifferenz gleich. Der Umschlagbereich zur Repellenz liegt also zwischen 40 und 60%. Es kann beobachtet werden, daß bei den Konzentrationen von 40 bis 100%, weniger bei 20%, Fliegen zahlreich um die Fallen herum und auf dem Rand des Papiertrichters sitzen, ohne in die Fallen einzudringen. Sie verbleiben im attraktiven Konzentrationsbereich und meiden die höhere Konzentration.

Vergleicht man die Fangzahlen der Fallen mit den R-Werten aus den Olfaktometer-Versuchen, so ist ersichtlich, daß zur Erzielung gleicher Reaktionen im Fallenexperiment höhere Konzentrationen erforderlich sind als im Olfaktometer. Der Umschlag von der Attraktanz zur Repellenz erfolgt im Olfaktometer zwischen 1 und 10%. Nehmen wir ihn bei 5% an (siehe oben) und für die Raumversuche bei 50%, so muß also die im Olfaktometer gefundene Konzentration mit 10 multipliziert werden, um den Umschlagspunkt im freien Raum zu errechnen. Zieht man in Betracht, daß im Olfaktometer bereits eine Verdünnung des vom Duftrohr kommenden Stromes um das Zehnfache erfolgt, so ist zur Erzielung gleicher Reaktionen im Raumversuch eine um 2 Zehnerpotenzen höhere Konzentration des Prüfstoffes erforderlich.

Von Interesse auch für praktische Belange ist weiterhin die untere Grenze der Attraktivkonzentrationen. Es zeigt sich, daß diese im Olfaktometer wesentlich tiefer liegt als im Raumversuch und mit den von uns geprüften Konzentrationen

nicht erreicht wird. Allerdings muß in Betracht gezogen werden, daß im Raumversuch eine gegenseitige Beeinflussung der einzelnen Fallen insofern stattfinden kann, als den attraktiveren Fallen vor den weniger attraktiven der Vorzug gegeben wird. So ist es durchaus möglich, daß im Freiland auch schwächere Konzentrationen anlocken, wenn keine stärker attraktiven vorhanden sind.
An dieser Stelle seien einige vergleichende Untersuchungen über die Wirkung von Schädlingsbekämpfungsmitteln im Olfaktometer und im Raumversuch eingefügt. Wotexit-Spritzmittel (Trichlorphon) wirkt im Olfaktometer auf *Drosophila melanogaster* (Weibchen) bei $10^{-4}\%$ attraktiv (R = 71%), bei $2 \times 10^{-1}\%$ repellent (R = 31%) und bei 2% stark repellent (R = 1%). Im Raumversuch (Methodik wie beim Essigsäure-Experiment) ergeben sich die in Tab. 10 angeführten Werte.

TABELLE 10:
Summen der Anzahlen in Lockfallen mit Wotexit-Spritzmittel gefangener *Drosophila melanogaster*

Konzentration von Wotexit in Prozent	Anzahl gefangener *Drosophila*
10^{-4}	90
10^{-3}	92
10^{-2}	32
10^{-1}	83
1	9
10	0
20	2
40	2
60	0
100	0
Destilliertes Wasser . . .	55
Summe . . .	365:11 = 33

Im Olfaktometer wirkt die Konzentration $10^{-1}\%$ bereits repellent, während im Raumversuch noch deutliche Attraktivität vorliegt und Repellenz erst bei 1% auftritt. Es gilt offenbar das gleiche Prinzip wie bei der Wirkung verschiedener Konzentrationen von Essigsäure auf *Drosophila*; der im Olfaktometer gefundene Umschlagspunkt muß mit 10 multipliziert werden, um die im Raumversuch entsprechend wirkende Konzentration zu erhalten. Da in beiden Versuchen die Konzentration $10^{-4}\%$ attraktiv wirkt, scheint die untere Attraktanzgrenze wesentlich niedriger zu liegen und sicher von praktischer Bedeutung zu sein.
In einem Raumexperiment mit Fekama 20 (DDT) wurden je 2 ml des Mittels zu einem Attraktiv-Substrat (50 g zerdrückte gekochte Kartoffel und 2 ml 10%ige Essigsäure) gegeben. Tabelle 11 zeigt die dabei erzielten Fangergebnisse.

TABELLE 11:
Summen der Anzahlen
in Lockfallen mit Fekama 20
gefangener *Drosophila*

Konzentration von Fekama 20 in Prozent	Anzahl gefangener *Drosophila*
10^{-2}	541
10^{-1}	481
1	175
3	361
10	10
20	11
40	0
100	8
Ohne Fekama 20	1693
Summe	3280:9 = 364

Im Olfaktometer wirken Fekama 20 — Konzentrationen unter 10^{-2}% indifferent auf *Drosophila*, bei 10^{-2} % tritt Repellenz (R = 25%), bei 2% starke Repellenz (R = 19%) auf. Nach der Richtzahl 364 kann im Raumversuch von Repellenz ab 1% aufwärts gesprochen werden, während sie im Olfaktometer bereits bei 10^{-2}% auftritt. Starke Repellenz liegt im Olfaktometer bei 2%, im Raumversuch bei 10% vor. Obwohl dieses Experiment durch Verwendung eines zusätzlichen Attraktants und das Fehlen eines Attraktivbereiches des Prüfmittels von den vorhergehenden abweicht, wird auch hierbei das Prinzip deutlich, daß die Raumwirkung höhere Konzentrationen erfordert als die Olfaktometerwirkung.

Für sinnesphysiologische Untersuchungen ist eine Standardisierung des Zustandes der Testinsekten und der äußeren Bedingungen von besonderer Wichtigkeit. Am Beispiel der Reaktion von *Drosophila melanogaster* auf Essigsäure wird deshalb die Einwirkung einiger endogener und exogener Faktoren auf die Versuchsergebnisse untersucht.

Die Reaktion eines Insektes auf ein Attraktant oder Repellent ist nicht nur in der Regel artspezifisch, sondern ändert sich häufig auch in Abhängigkeit von Geschlecht, Alter und Entwicklungszustand sowie der auch von äußeren Faktoren beeinflußbaren Reaktionsstimmung.

Aus Tab. 7 und Abbildung 10 ist ersichtlich, daß in den Reaktionen der beiden Geschlechter von *Drosophila* gegenüber Essigsäure keine regelmäßigen Differenzen auftreten. Vorhandene Unterschiede bei einzelnen Altersstufen und Konzentrationen erweisen sich im allgemeinen als nicht signifikant (vereinzelte signifikante Differenzen treten nur im attraktiven Bereich auf). Dies läßt sich wohl dadurch erklären, daß die Essigsäure für *Drosophila* ein Attraktant von umfassender biologischer Bedeutung in mehreren Funktionskreisen darstellt. Es zeigt für die Weibchen den Eiablageort, für beide Geschlechter die Futterquelle und für beide vermutlich auch den Ort an, an dem sich Männchen und Weibchen zur Kopulation treffen. Der zusätzliche Attraktionswert für die Weibchen mag in deren etwas größerer Reaktionsbereitschaft (siehe oben), die aber auch andere physiologische Ursachen haben kann, seinen Niederschlag finden.

Ein Vergleich der Reaktionen der verschiedenen Altersstufen (1—9 Tage) von *Drosophila melanogaster*, getrennt nach Männchen und Weibchen, auf die verschiedenen Konzentrationen von Essigsäure zeigt, daß im Charakter der Reaktion keine wesentlichen Unterschiede bei verschieden alten Fliegen auftreten. Um eine begründete Standardisierung im Alter der Essigfliegen für weitere Untersuchungen zu schaffen, wird durch Vergleich der Reaktionswerte aller Altersstufen untereinander gegenüber den einzelnen Konzentrationen geprüft, in welchem Alter gehäuft signifikante Abweichungen (bis P = 5%) von den anderen Altersstufen auftreten. Der Typ der Reaktion wird am besten von den Altersstufen repräsentiert, die am wenigsten Abweichungen zu anderen Altersstufen zeigen. Zu diesem Zweck soll die Häufigkeit gewertet werden, mit der sich einzelne Altersstufen signifikant gegen mindestens 3 andere Altersstufen unterscheiden.

TABELLE 12:
Signifikante Abweichungen in der Reaktion von *Drosophila* verschiedenen Alters gegen mindestens 3 andere Altersstufen

Alter der Fliegen in Tagen	Anzahl der Abweichungen summarisch über alle Konzentrationen und beide Geschlechter
1	3
2	1
3	2
4	4
5	5
6	10
7	9
8	9
9	9

Tab. 12 zeigt, daß solche Abweichungen hauptsächlich bei älteren Fliegen (6 bis 9 Tage alt) auftreten. Am besten geeignet erscheinen demnach für unsere Untersuchungen Fliegen im Alter von 1—4 Tagen. Da tageszeitliche Unterschiede beim Verlassen der Puppen bei 1 Tag alten Fliegen sicher stärker zur Geltung kommen als später, können Reihenuntersuchungen am vorteilhaftesten mit 2—4 Tage alten *Drosophila* durchgeführt werden.

Die Anzahl der erwähnten Abweichungen verteilt sich gleichmäßig auf Männchen und Weibchen (je 26). Um eine mögliche Beziehung zum Entwicklungszustand der Gonaden zu untersuchen, wurde die Anzahl der täglich von 25 Weibchen und 25 Männchen hervorgebrachten befruchteten und entwicklungsfähigen Eier geprüft. Die Zucht dieser Fliegen erfolgte auf 180 g gekochten Kartoffeln mit 3 ml Essigsäure in $1^1/_2$ l—Erlenmeyerkolben. Täglich wurden die Zuchttiere in einen neuen Kolben umgesetzt. Nach 7—9 Tagen schlüpfte bei einer Temperatur von 22 °C die Nachzucht. Der Vorgang des Schlüpfens erstreckte sich in jedem Kolben über 2 Tage. Die ausgeschlüpften Fliegen wurden gezählt, wobei sich die in Tabelle 13 dargelegten Resultate ergaben.

TABELLE 13:
Größe der Nachkommenschaft von *Drosophila melanogaster* in Abhängigkeit vom Alter der Zuchttiere

Alter der Elterntiere in Tagen	Anzahl der ausgeschlüpften Nachkommen
1	196
2	390
3	468
4	231
5	262
6	199
7	167
8	153
9	131

Vergleicht man die Werte der Tabellen 12 und 13, so wird ersichtlich, daß die Tage der intensivsten Nachkommenproduktion (2, 3) mit den Tagen der am wenigsten labilen Reaktionen zusammenfallen. Der verringerte Fortpflanzungstrieb vom 6.—9. Tag äußert sich in einer größeren Zahl signifikanter Abweichungen.

Für Untersuchungen mit Attraktants und Repellents werden häufig Hungertiere verwendet, um die Reaktionsbereitschaft der Insekten und ihre Anteilnahme an der Reaktion zu erhöhen. Die Reaktion normaler Männchen und Weibchen von *Drosophila melanogaster* gegenüber Essigsäure wird deshalb mit der Reaktion von Fliegen verglichen, die 24 Stunden nur mit destilliertem Wasser gehalten wurden. Aus Tabelle 14 sind die R-Werte der Versuche mit Hungertieren und im Vergleich dazu die R-Werte mit normalen Tieren gleichen Alters zu entnehmen.

Aus Tabelle 14 ist der Schluß zu ziehen, daß sich Unterschiede in der Reaktion von Hunger- und Normaltieren vor allem im Bereich der Umkehrkonzentration bemerkbar machen. Offenbar tritt bei Hungertieren eine Erniedrigung der Schwellen ein, die sich im ausgedehnten Attraktivbereich bei der geprüften Konzentration nicht erkennen läßt (die Differenzen sind nicht signifikant) und im Repellenzbereich bei 40% zu einer Verstärkung der Repellentreaktion führt.

TABELLE 14:
Vergleich der Reaktionen hungriger und normaler
Drosophila melanogaster auf Essigsäure

Konzentration der Essigsäure in %	R-Werte der Männchen		R-Werte der Weibchen	
	gehungert	normal	gehungert	normal
10^{-2}	71	74	73	88
5	16	50	19	54
40	13	17	5	14

Besonders drastisch wirkt sich eine solche Erniedrigung unmittelbar an einer Schwelle aus, wie die Untersuchungen zeigen, auch an der Schwelle von der Attraktanz zur Repellenz. Unter normalen Umständen indifferente Konzentrationen des Prüfstoffes können auf Hungertiere bereits repellent wirken, wenn sie über dem Attraktivbereich liegen.
Weitere Untersuchungen betreffen den Einfluß der Besatzdichte, der Dichte der Testpopulation, auf das Versuchsergebnis. In den üblichen Versuchen werden jedesmal 25 Fliegen in den Stamm des Y-Rohres eingesetzt. Eine Erhöhung der Testpopulation auf 100 Fliegen führt zu einer Reaktionsverzögerung von 1—2 Minuten, da sich die Fliegen gegenseitig an der Vorwärtsbewegung hindern. Auch die Einstellung eines Ruhezustandes wird verzögert. Im Attraktivbereich (10^{-2}%) treten durch Vergrößerung der Testpopulation bei Weibchen und Männchen keine signifikanten Differenzen auf. Im Repellenzbereich (40%) sind die Reaktionen im wesentlichen auch identisch. Die Teilnahme an der Reaktion ist die gleiche wie bei Verwendung von 25 Tieren.
Zur Untersuchung, ob von den ersten einen der beiden Rohrschenkel wählenden Fliegen eine zusätzliche Attraktion auf die übrigen ausgeht, soll das Beispiel der Repellentreaktion von *Drosophila* (Weibchen) auf DDT techn. (1%) dienen (siehe unten). Im Normalversuch mit 25 Fliegen ergibt sich R = 25%. Zur Beantwortung der Frage wurden 25 *Drosophila* einzeln in das Versuchsrohr eingesetzt, und ihre Wahl wurde notiert. Hieraus resultiert R = 5%, so daß keinesfalls von einem mit den Fliegen verbundenen Attraktivfaktor gesprochen werden kann.
Daß Aktivität und Reaktionsbereitschaft der Testtiere temperaturabhängig sind, ist bekannt. Auch die Luftfeuchtigkeit der Testströme kann als attraktiver oder repellenter Faktor in das Versuchsergebnis eingehen. Diese Gefahr wird eingeschränkt durch gleichmäßige Befeuchtung aller Ströme. Vergleichende Untersuchungen an Männchen und Weibchen im Attraktiv- und Repellenzbereich zeigen, daß zwischen den Ergebnissen von Experimenten ohne Gebrauch der Wasserflaschen und Experimenten mit Gebrauch der Wasserflaschen keine signifikanten Differenzen bestehen.

Der Einfluß der Beleuchtung muß von zwei Gesichtspunkten aus betrachtet werden. Einmal können Vorhandensein oder Nichtvorhandensein des Lichtes bzw. seine Intensität das Ergebnis variieren. Zum anderen kann eine einseitige Lichtquelle gerichtete Bewegungen verursachen. Die letztgenannte Fehlerquelle kann durch geeignete Versuchsanordnung ausgeschaltet werden. Die Wahl der Lichtintensität hängt von der jeweiligen Insektenart ab. Um die Bedeutung dieses Faktors zu demonstrieren, wurden die Reaktionen von Drosophila auf Essigsäure bei normaler Beleuchtung (200 Lux) und im Dunkeln verglichen. Die Reaktionsteilnahme beider Geschlechter sinkt im Dunkeln wesentlich ab, und zwar im Attraktivbereich (10^{-2}%) auf etwa 50%, im Repellenzbereich (40%) auf etwa 65%. Im Repellenzbereich bleibt der Charakter der Reaktion klar erkennbar (Weibchen: $R_{dunkel} = 29\%$, $R_{hell} = 22\%$; Männchen: $R_d = 28\%$; $R_h = 27\%$). Im Attraktivbereich dagegen werden die Reaktionen im Dunkeln vollkommen verwischt, die einzelnen Wiederholungen verlaufen uneinheitlich, und die Ergebnisse können statistisch nicht gesichert werden, obwohl sie schwache Attraktivität anzeigen. Offenbar wird unter ungeeigneten Bedingungen die spezifischere Attraktivreaktion stärker gestört, als die weniger spezifische Repellentreaktion.

Es ist bekannt, daß unter natürlichen Bedingungen die Stärke von Luftströmungen ein begrenzender Faktor für die Flugstimmung vieler Insekten sein kann. Außerdem können durch Luftströme gerichtete Bewegungen ausgelöst werden (Anemotaxis). Unter diesen Gesichtspunkten wurde der Einfluß der Strömungsgeschwindigkeit auf das Reaktionsergebnis im Y-Rohr-Olfaktometer untersucht.

Für unsere Untersuchungen ist eine Luftgeschwindigkeit von 30 cm/s in allen Rohrabschnitten geeignet. Versuche ohne Prüfsubstanzen zeigen, daß keine Beeinflussung der Fliegen durch die Luftströme auftritt und die Insekten sich gleichmäßig über die Rohrabschnitte verteilen. Bei Verminderung der Strömungsgeschwindigkeit um die Hälfte (15 cm/s) können zwar ebenfalls Attraktiv- und Repellentwirkungen dargestellt werden, doch wirken sich hierbei geringfügige Unterschiede in den Geschwindigkeiten des dufttragenden und des duftfreien Stromes insofern aus, als *Drosophila* zur Bevorzugung der höheren Geschwindigkeit neigt. Dadurch werden die Ergebnisse variiert, und es können Fehlschlüsse auftreten.

Bei Gebrauch der doppelten Strömungsgeschwindigkeit (60 cm/s) wurden die Essigfliegen einmal nach dem üblichen Verfahren zur Verzweigungsstelle des Rohres geschoben, in anderen Versuchen unterblieb das Vorschieben. Bei Vorschieben der Tiere ist die Anteilnahme an der Wahlhandlung die gleiche wie bei der Geschwindigkeit von 30 cm/sec. Im Attraktivbereich (10^{-2}%) sind die Reaktionen als unverändert zu betrachten: bei 30 cm/s betragen die R-Werte für 4 Tage alte Männchen und Weibchen 80% bzw. 87%, bei 60 cm/s 81% bzw. 82%. Im Repellenzbereich (40%) tritt eine signifikante Verstärkung der Repellentreaktion auf: R-Werte für 4 Tage alte Männchen und Weibchen bei 30 cm/s 27% bzw. 30%, bei 60 cm/s 18% bzw. 26%. Die Erklärung hierfür mag darin

liegen, daß bei erhöhter Geschwindigkeit je Zeiteinheit mehr Moleküle auf die Geruchsrezeptoren treffen als bei geringerer. Unterbleibt das Vorschieben der Fliegen zur Verzweigungsstelle, sinkt der Anteil der an der Wahlhandlung teilnehmenden Tiere gegenüber Versuchen mit 30 cm/s und ohne Vorschieben im Attraktivbereich um 10%, im Repellenzbereich um 15%. Die R-Werte für die Attraktanz (10^{-2}%) sind für 4 Tage alte Männchen und Weibchen 73% bzw. 81%, für die Repellenz (40%) 22% und 26%. Die Abweichungen im Repellenzbereich sind signifikant.
Bei Untersuchungen mit der Strömungsgeschwindigkeit 100 cm/s ohne Vorschieben treten starke Störungen im Reaktionsablauf auf. Etwa $^1/_3$ der Männchen und $^2/_3$ der Weibchen verlassen den Stammteil des Y-Rohres nicht. Die übrigen laufen oft wahllos in einen der beiden Arme, so daß die typischen Reaktionen nicht immer erkennbar sind. Im Attraktivbereich (10^{-2}%) können zum Beispiel R-Werte von 49% (= Indifferenz) für Männchen und 68% für Weibchen auftreten. Die höheren Strömungsgeschwindigkeiten sind also zur Darstellung von Attraktiv- und Repellenteffekten nicht geeignet.
Die in diesem Abschnitt dargelegten Untersuchungen zeigen, daß das Y-Rohr-Olfaktometer eine hohe Leistungsfähigkeit bei der Demonstration graduell differenzierter Verhaltensweisen im Bereich attraktiver, indifferenter und repellenter Wirkungen der Dampfphase von Prüfstoffen aufweist. Bei der Übertragung von Testergebnissen auf Bedingungen im freien Raum muß beachtet werden, daß zur Erzielung gleicher Ergebnisse höhere Konzentrationen erforderlich sind als im Olfaktometer.
Endogene und exogene Faktoren beeinflussen die Reaktionsergebnisse, und ihre Standardisierung ist bei sinnesphysiologischen Untersuchungen unerläßlich. Für Reihenuntersuchungen mit *Drosophila melanogaster* ist die Verwendung 2—4 Tage alter Fliegen zu empfehlen. Soll nur ein Geschlecht zu den Untersuchungen herangezogen werden, ist den Weibchen wegen ihrer höheren Reaktionsbereitschaft der Vorzug zu geben. Die Verwendung von Hungertieren wirkt sich unterschiedlich auf die verschiedenen Reaktionsbereiche aus. Da die benutzte Modifikation des Y-Rohres ohnehin eine hochprozentige Teilnahme der Insekten an der Reaktion gewährleistet, kann der Gebrauch von Hungertieren vermieden werden. Eine Testpopulation von 25 Individuen je Versuch und die Verwendung der Strömungsgeschwindigkeit 30 cm/s erweisen sich am geeignetsten zur Gewinnung eindeutiger Resultate. Zur statistischen Sicherung der Ergebnisse sind 5 Wiederholungen ausreichend.

3. Untersuchungen über Attraktiv- und Repellenteffekte bei Pflanzenschutzmitteln

3.1. Literaturübersicht

In der älteren Literatur gibt es vereinzelte Berichte über Repellenz bei anorganischen Insektiziden, die Arsenmittel betreffen. Moore (1922) beobachtet Repellenz arsenhaltiger Sprühmittel gegenüber dem Japankäfer (*Popillia japonica* Newm.). Seine Beobachtungen werden hinsichtlich des Bleiarsenats von RICHMOND (1927) und FLEMING and BAKER (1936) bestätigt. LEA (1950) stellt Repellenz von Natrium-Arsenit auf Heuschrecken fest. GÜNTHART (1950a) beschreibt die Repellenz von Kalkarsen auf Borkenkäfer.

Die Entwicklung von DDT und anderen Rückstandsinsektiziden hat die Frage der Repellenz wiederholt aufgeworfen. Zufällige Beobachtungen und gezielte Untersuchungen haben in der Literatur der letzten Jahre einen Umfang angenommen, der das Fehlen einer zusammenfassenden Darstellung als ernsten Mangel erscheinen läßt. Die von GODAN (1958) gegebene Übersicht entspricht dem heutigen Stand der Kenntnisse auf diesem Gebiet nicht mehr.

Die weitaus meisten Beobachtungen betreffen Repellentwirkungen. Dabei wird häufig nicht unterschieden, ob es sich um Kontakt- oder Fernrepellenz handelt. Manche Mittel wie DDT zeigen auch irritierende Wirkungen, bei denen die Aktivitätssteigerung der Insekten zur Befallsverminderung führt. Wie oben dargelegt, bestehen keine Korrelationen zwischen Repellenz und Toxizität des betreffenden Mittels.

CHLORIERTE KOHLENWASSERSTOFFE

Paradichlorbenzol

Paradichlorbenzol soll *Citrus*-Bäumen, angewandt im Ringverfahren als Bodenentseuchungsmittel, Schutz gegen Termiten, verschiedene Coleopteren, Hemipteren und Lepidopteren bieten und auch zur Verhütung der Eiablage von *Popillia japonica* dienen (LIPP 1934; FUCHS 1952). Im Laborexperiment (Olfaktometer) zeigt es repellente Wirkung auf die Blattlaus *Macrosiphum pisi* (Harris) (THOMAS and CHAMBERLAIN 1959) sowie gegen *Lygus lineolaris* (P. de B.), *Apis mellifera* L., *Spissistilus festinus* (Say), *Hypera nigrirostris* (F.) und *Hypera meles* Fab. (CHAMBERLAIN 1959).

Jedem Insektensammler ist die abschreckende Wirkung von Paradichlorbenzol auf die Feinde der aufbewahrten Insekten bekannt. Verbreitet ist seine Anwendung auch gegen Textilschädlinge (HASE 1951; ARNOLD 1957 u.a.). In Olfaktometeruntersuchungen mit *Musca domestica* vicina Macq. erweist es sich extrem repellent (IKEDA 1958c).

DDT (2,2-Bis(p-chlorphenyl)-1,1,1-trichloräthan)

Bei der „Repellenz“ von DDT auf Moskitos und Hausfliegen handelt es sich offenbar um irritierende Wirkungen (DETHIER 1956, BUSVINE 1957). In zahlreichen anderen Fällen mag jedoch echte Repellenz vorliegen.

WIESMANN (1943a) beobachtet, daß *Agriotes*-Larven aus dem Bereich gesapon- und gesarolgetränkter Erde fliehen. Buchen- und Eichenzweige, die mit 1%-igem Gesarol gespritzt wurden, haben fraßabschreckende Wirkung auf Maikäfer (*Melolontha vulgaris*) (WIESMANN 1943b). Massenflucht der Maikäfer von gespritzten Obst- und Walnußbäumen sowie Verhinderung des Neuzufluges beobachten WIESMANN und GASSER (1950). Auch SCHNEIDER (1950) bestätigt die Repellenz von DDT auf Maikäfer. Nach THIEM (1947) werden DDT-behandelte Bäume 4—6 Tage lang gemieden. DDT-begiftete Erde hält Maikäfer-Weibchen von der Eiablage ab (REGNIER und ARNOUX 1946). Nach BERESINA (1951) sollen mit DDT behandelte Wurzeln von Baumpflanzen von *Melolontha*-Engerlingen über 1 bis 2 Vegetationsperioden gemieden werden.

Termiten (*Cryptotermes brevis* Walter) meiden mit 0,5%iger DDT-Brühe getränktes Holz 35 Tage lang, mit 1—2%iger Brühe getränktes über einen Zeitraum bis zu 1 Jahr (WOLCOTT 1945, 1949). Im Labor wirkt 4%iger DDT-Staub auf Soldaten und Arbeiter der südafrikanischen *Eutermes havilandi* abschreckend (PETTY 1946).

GÜNTHART (1950a) stellt Deterrentwirkung von DDT auf den Fichtenborkenkäfer (*Ips typographus* L.) fest. TOUHEY and BRAY (1961) betrachten es als wirksames Repellent gegen *Scolytus multistriatus* Marsham.

Repellenz gegenüber *Hiliothrips haemorrhoidalis* Bché. beschreibt ROGOFF (1952). MCKINLAY (1953) kann den Repellenteffekt der nicht mehr toxischen Rückstände auf mit 0,1% DDT behandelten Baumwollfeldern auf die Baumwollwanze *Lygus vosseleri* Popp. auch im Labor-Wahlversuch nachweisen. Gesarol 50 (0,1% DDT) verhindert die Eiablage der Kirschenfliege (*Rhagoletis cerasi L.*) (Vogel 1952). Bei der Fallenköderung der Mittelmeerfruchtfliege (*Ceratitis capitata* (Wied.)) mit Angelika-Saatöl zeigt sich, daß Zufügen von DDT anstatt Chlordan zur Verhütung der Entfernung gefangener Fliegen durch Ameisen die Fänge reduziert (STEINER et al. 1957). Nach HOCKING and LINDSAY (1958) wirkt DDT techn. im Olfaktometer repellent auf *Drosophila melanogaster*. GÄBLER (1951) beobachtet Repellenz von DDT auf die Eiraupen von *Lymantria monacha* L. und *Thaumetopoea pinivora* Tr. Der Gurkenkäfer, *Acalymma vittata* F., wird durch DDT-Staub (3%) von den Gurken ferngehalten (HARCOURT and CASS 1955). Repellenz erschwert die Anwendung von DDT gegen den Bananenrüßler (*Cosmopolites sordidus* Germ.) (SIMMONDS 1959). SHANKS and CHAPMAN (1965) beobachten Repellenz von 0,1% DDT auf *Myzus persicae* (Sulzer) bei Anwendung auf Tabakblätter. SHANKS (1960) beschreibt diese Erscheinung nach Gewächshausuntersuchungen und erhält im Olfaktometer Attraktiv- und Repellentreaktionen. Mit Weizen gefüllte Jutebehälter sind gegen Befall von *Sitophilus oryzae* (L.) durch Deterrenz geschützt, wenn sie mit einer emulgierten DDT-Lösung behandelt werden (RATTAN LAL et al. 1961).

Über DDT-Repellenz auf Bienen gibt es mehrere Beobachtungen. Nach LINSLAY and MAC SWAIN (1947) meidet *Apis mellifera* L. 3 Tage lang blühende Luzerne, die mit 3 oder 5%igem DDT-Staub behandelt wurde. SMITH et al. (1948) stellen fest, daß die Abnahme von Bienenpopulationen in DDT-gesprühten Feldern hauptsächlich einer Repellentwirkung zuzuschreiben ist. Dies wird durch die Untersuchungen von PALMER — JONES et al. (1959) bestätigt. Auch Wildbienen (*Nomia melanderi* Ckll.) schrecken vor mit 3%igem DDT-Staub behandelter Luzerne zurück (BOHART and LIEBERMANN 1949). WEAVER (1951) dagegen spricht von nur geringer Repellenz von DDT auf Honigbienen in Baumwollfeldern. Eine Mischung von 5% DDT, 3% Gamma-BHC und 40% Schwefel soll etwas repellent wirken. Auch MUSGRAVE (1951) bezeichnet die DDT-Repellenz auf Honigbienen als schwach und von nur geringer Dauer.

Die Anzahl der Beobachtungen über Attraktanz von DDT im Bereich des Pflanzenschutzes ist geringer und weniger gut belegt. Möglicherweise läßt sich jedoch der sogenannte Interplot-Effekt (Einwanderung in DDT-gesprühte Kulturen) durch Attraktivwirkungen erklären. PEARSON (1954) beobachtet den Interplot-Effekt bei *Heliothis obsoleta* F. (*armigera* Hbn.) in Mais und Gemüse. Nymphen von *Empoasca lybica* de Berg (Homopt.) wandern etwa 2 Wochen nach der Behandlung aus unbehandelten in DDT-gesprühte Felder ein (JOYCE 1956). Auch *Popillia japonica* Newm. soll in DDT-behandelte Maisfelder vordringen (FOSTER 1955).

Beobachtungen liegen ebenfalls über das Verhalten von Feindinsekten landwirtschaftlicher Schädlinge vor. So wird am Marienkäfer *Rodolia (Vadalia) cardinalis* Muls., einem Feind der Wollschildlaus *Icerya purchasi* Mask., in *Citrus*-Bäumen der Interplot-Effekt beobachtet (DE BACH and BARTLETT 1951). FLESCHNER and SCRIVEN (1957) zeigen, daß die Florfliege *Chrysopa californica* (Coq.), ein wichtiger Räuber der *Citrus*-Milbe *Metatetranychus citri* (Mc G.), mehr Eier an *Citrus* ablegt, wenn die Pflanzen mit DDT gesprüht wurden oder ihrem Boden DDT zugefügt war. Die sinnesphysiologische Wirkung von DDT erstreckt sich auch auf Milben. Irritierende Wirkung wird auf *Tetranychus multisetis* Mc Gregor beobachtet (DAVIS 1952). OLSON and DAHMS (1946) stellen Repellenz von DDT auf die tropische Rattenmilbe *Liponyssus bacoti* (Hirst.) fest.

Die Prüfung der Repellenz eines DDT-Belages zum Schutze von Textilien zeigt im Fraßversuch Erfolge mit Kleidermotten-Raupen sowie *Anthrenus*- und *Attagenus*-Larven (WÄLCHLI 1955).

Auf dem Gebiet der Hygiene ist die Repellenz bzw. irritierende Wirkung von DDT seit langem bekannt. Repellenz gegen Moskitos, besonders *Anopheles*- und *Aedes*-Arten, wird bereits von WEYER und ZUMPT (1939) erwähnt. METCALF et al. (1945) sprechen von Kontaktrepellenz gegen *Anopheles quadrimaculatus* Say. GAHAN et al. (1945) ziehen jedoch bei der gleichen Art den Schluß, daß Repellenz nach Aufnahme einer letalen Quantität auftritt. KENNEDY (1947) dagegen beobachtet, daß *Aedes aegyti* (L.) und *Anopheles maculipennis atroparvus* van Thiel durch Kontakt mit DDT bei subletalen Dosen genügend erregt werden und ungerichtete Bewegungen ausführen. Nach Mc CULLOCH and WATERHOUSE (1947) vermeiden Moskitos, auf DDT-behandelten Flächen zu ruhen. Von einer aktivierenden und dadurch repellenten Wirkung von DDT auf verschiedene Anophilinen- und Culicinen-Arten sprechen MUIRHEAD-THOMSON (1949, 1950), BERTRAM (1950), FIELD (1950), WHARTON and REID (1950), NAIR (1951), COLLESS (1953), COLUZZI and COLUZZI (1961) und andere. HADAWAY and BARLOW (1953) weisen in Zylindergefäßen eine derartige Wirkung auf *Anopheles stephensi* List. nach. DAVIDSON (1953) beobachtet irritierende Wirkung, resultierend in Repellenz, bei *Anopheles gambiae* Giles und *A. funestus*

Giles nach Kontakt in DDT-behandelten Hütten. Die Beobachtungen werden von MOUCHET and CAVALIE (1961) bestätigt. HECHT et al. (1960) beschreiben Irriatation und Deterrenz an *Anopheles albimanus* Wiedemann, *A. aztecus* Hoffmann und *A. quadrimaculatus* Say bei Kontakt mit DDT-behandelten Flächen. Im Olfaktometer weisen HOCKING and LINDSAY (1958) Repellenz von DDT techn. auf *Culex tarsalis* Coq. nach. Nach ASKELÖF (1950) wirkt DDT auch auf blutsaugende Insekten des Viehs repellent. Der Erfolg von DDT bei der Bekämpfung der Schafschmeißfliege *Phaenicia sericata* (Meig.) soll nach CRAGG (1946) auf Verhütung der Eiablage zurückführbar sein. Auf das 3. Larvenstadium der gleichen Art wird mittlere Repellenz ausgeübt (LOEFFLER and HOSKINS 1946).

DDT reduziert auch die Anzahl Hausfliegen, die auf behandelten Flächen ruhen (KING and GAHAN 1949). DICKE et al. (1952) stellen dagegen im Labor Attraktanz von DDT (netzbares Pulver) auf *Musca domestica* L. fest. Im T-Rohr-Olfaktometer weist auch IKEDA (1958 c) Attraktanz auf *Musca domestica vicina* Macq. nach (25 mg/90 cm²). Im Laktosekügelchen-Test ist DDT von mittlerer Repellenz (IKEDA 1957). Nach KENNEDY (1947) können Spritzbeläge von DDT attraktiv auf *Aedes* wirken.

HCH (BHC; 1,2,3,4,5,6-Hexachlorcyclohexan) und Lindan (Gamma-Isomer des HCH)

Eine Reihe von Arbeiten befaßt sich mit der Repellenz von HCH auf Maikäfer und deren Engerlinge. Nach REGNIER und ARNOUX (1946) legen Maikäfer-Weibchen ihre Eier seltener in HCH-begiftete Erde ab als in unbegiftete. EHRENHARDT (1954) erzielt das gleiche Resultat mit 1,5kg Gamma-HCH-Staub je ha. Auch mit HCH behandelte Bäume werden von Maikäfern gemieden. VIEL (1946) beobachtet Repellenz von 5%igem HCH-Staub (100kg/ha) auf Engerlinge. Nach GÜNTHART (1950b) werden Engerlinge von *Melolontha melolontha* L. durch Gamma-HCH abgestoßen. Fraßhemmung bei 150 g/a Gamma-HCH tritt an jungen Kiefernwurzeln auf, bei geringen Gaben werden jedoch schwach behandelte Wurzelteile bevorzugt gefressen (RICHTER 1951). Gammexan (2,5 l/m²—50 g/a Gamma-HCH) übt auch Fraßhemmung auf das 3. Larvenstadium des Junikäfers (*Amphimallon solstitialis* L.) aus (RICHTER 1951). Ebenso werden Engerlinge von *Phyllopertha horticola* L. durch Hexa-Mittel abgeschreckt. Nach SCHWERDTFEGER (1950a, b, 1951a, b) wirkt auf Engerlinge des Waldmaikäfers (*Melolontha hippocastani* F.) nur ungereinigtes „Hexa" (5 g/a) fraßabschreckend, während das reine Gamma in gleicher Dosis nur sehr schwach oder gar nicht wirkt. Demnach ist die fraßhemmende und abschreckende Wirkung wohl mehr an andere Isomere oder Verunreinigungen des HCH gebunden.

Drahtwürmer meiden mit 7,5—12,5 g/a Gamma-HCH begiftete Erde (GÜNTHART 1950b). Der fehlende Schutz lindan- und HCH-behandelten Saatgutes gegen Drahtwürmer wird von LILLY (1953) mit Repellenteigenschaften in Zusammenhang gebracht. LONG and LILLY (1958) weisen Repellenz lindanbehandelten Saatgutes gegen die Larven von *Melanotus communis* Gyll. nach.

Petty (1946) zeigt im Labor die Repellenz von HCH-Staub auf die südafrikanische Termite *Eutermes havilandi*. Auf die Ameise *Pogomomyrmex barbatus* var. *molefaciens* (Buck.) soll 5%iger Gamma-HCH-Staub, in die Nesteingänge gestreut, bis zu 72 Stunden repellent wirken (Brett and Rhoades 1946).
Chang (1948) beobachtet Repellenz von HCH auf *Myzus persicae* (Sulz.). Bodenbehandlung mit „Ruscalin" (HCH) und „Hortex" (Gamma-HCH) führt auf Grund abschreckender Wirkung zur Herabsetzung des Käferfraßes durch den Rapserdfloh (*Psylliodes chrysocephala* L.) und den Kohlgallenrüßler (*Ceuthorrhynchus pleurostigma* Marsh.) Nolte und Fritzsche 1954). Nach DeToledo (1952) soll 10%iges BHC in Untersuchungen mit Giftködern (angewandt auf Rhizomstücke der Banane) attraktiv auf den Bananenrüßler (*Cosmopolites sordidus* Germ.) wirken. Gemäß anderer Angaben (Simmonds 1959) erschwert die Repellenz von HCH die Bekämpfung des Bananenrüßlers. Aus Freilandexperimenten mit Standard-Japankäferfallen wird vermutet, daß HCH und Lindan repellent auf *Popillia japonica* Newm. wirken (Foster 1955). Novak (1965) weist die abschreckende Wirkung von HCH-Präparaten auf *Hylobius abietis* L. im Olfaktometer und im Freiland nach. Lindanstaub (1%ig) hält den Gurkenkäfer (*Acalymma vittata* F.) von den Gurken fern (Harcourt and Cass 1955). Ein geringer Deterrent-Effekt geht von mit Lindan imprägnierten und mit Weizen gefüllten Jutebehältern auf *Sitophilus oryzae* (L.) aus (Rattan Lal et al. 1961).
Bei der Untersuchung von Drosophila-Populationen in Tomatenfeldern mit Köderfallen beobachtet Mason (1963) bei Zugabe von 0,5% Lindan zum Köder (Weinessig-Hefe-Zucker-Lösung) eine Erhöhung von dessen Attraktivität. Unter 14 zu 0,25%, 0,5% und 1% geprüften Insektiziden erweist sich der Lindan-Köder attraktiver als alle anderen auf *Drosophila melanogaster* (Mason et al. 1963).
Repellenz von HCH auf Honigbienen in Baumwollkulturen beobachtet Weaver (1951). Nach Woodrow et al. (1965) wirkt HCH (30% Gamma-Isomer) im Olfaktometer schwach repellent auf *Apis mellifera* L. Hornissen sollen von „Hortex" abgeschreckt werden (Owen 1953).
Fraßabschreckende Wirkung von HCH gegen Mottenraupen wird von Geisthardt und Madel (1955) angeführt. Auch aus dem Gebiet der Hygiene sind Beobachtungen bekannt. Lindan-Dämpfe hindern nach Ribbands (1946) *Anopheles minimus* am Eindringen in behandelte Hütten. Field (1950) spricht von einer echten Fernrepellenz des Gammexans auf *Anopheles quadrimaculatus* und *A. vagus*. Kontakt mit BHC-behandelten Flächen irritiert *Anopheles stephensi* List. (Hadaway and Barlow 1953).
Gammexan wirkt auch repellent auf die Larven von *Lucilia sericata* (Loeffler and Hoskins 1946). Gegenüber Hausfliegen zeigen nach DuChanois (1947) Gammexan, nach King and Gahan (1949) BHC techn. Repellenz. Dicke et al. (1952) bezeichnen HCH als stark repellent, Lindan als sehr stark repellent gegen *Musca domestica*. Im T-Rohr-Olfaktometer beobachtet Ikeda (1958c) eine gewisse Attraktanz von Gamma-BHC auf *Musca domestica vicina* Macq., im

Laktosekügelchen-Test (IKEDA 1957) dagegen mittlere Repellenz. Repellenz von HCH auf blutsaugende Insekten des Viehs ist ebenfalls bekannt (ASKELÖF 1950).

Chlordan (1,2,4,5,6,7,8,8-Octachlor-2,3,3a,4,7,7a-hexahydro-4,7-methaninden)

Chlordan techn. schreckt Engerlinge von *Melolontha melolontha* L. ab. Auch Drahtwürmer meiden begiftete Erde (GÜNTHART 1950b). Noch bei niedrigen Konzentrationen (0,0005%) stellt ROGOFF (1952) Repellenz auf *Heliothrips haemorrhoidalis* (Bouché) fest. Repellenz von Chlordan wird weiterhin beobachtet gegen den Bananenbohrer (*Cosmopolites sordidus Germ.*) und *Metamasius hemipterus* L.(Coleopt.), einen Sekundärschädling an Banane (DETOLEDO 1952; SIMMONDS and SIMMONDS 1953). Auf Honigbienen in Baumwollfeldern wirkt es stark repellent (WEAVER 1951) . Aus Freilandexperimenten leitet FOSTER (1955) eine mögliche Repellenz gegen *Popillia japonica* ab.
Anopheles stephensi List. flieht von mit Chlordan behandelten Flächen (HADAWAY and BARLOW 1953). DICKE et al. (1952) sprechen von starker Repellenz gegen *Musca domestica* L. Nach IKEDA (1957, 1958c, d) wirkt Chlordan im Laktosekügelchen-Test und im T-Rohr-Olfaktometer bei 200 mg/90 cm^2 repellent auf *Musca domestica* vicina Macq., bei geringeren Konzentrationen neutral.

Heptachlor (1,4,5,6,7,8,8-heptachlor-3a,4,7,7a-tetrahydro-4,7-endomethaninden)

Von 0,05% aufwärts wirkt Heptachlor repellent auf *Heliothrips haemorrhoidalis* (Bouché) (ROGOFF 1952). LONG and LILLY (1958) beobachten Repellenz gegen Drahtwürmer (*Melanotus communis* Gyll.) bei Saatgutbehandlung. Nach HAYS and ARANT (1960) ist Heptachlor bei einer Konzentration von 0,042% zur Bekämpfung der Ameise *Solenopsis saevissima richteri* Forel geeignet, zeigt in höheren Konzentrationen jedoch Repellentwirkung. Im Labor übt es mäßige Repellenz auf *Musca domestica* L. aus (DICKE et al. 1952).

Aldrin (1,2,3,4,10,10-hexachlor-1,4,4a-5,8,8a-hexahydro-endo-1,4-exo-5,8-dimethannaphthalin)

Nach Freilanduntersuchungen ist Repellenz gegen den Japankäfer möglich (FOSTER 1955). Mit Aldrin behandeltes Saatgut wirkt repellent gegen Drahtwürmer (*Melanotus communis* Gyll.) (LONG and LILLY 1958). Ein geringer Deterrent-Effekt geht von mit Aldrin imprägnierten und mit Weizen gefüllten Jutesäcken auf *Sitophilus oryzae* aus (RATTAN LAL et al. 1961). Honigbienen meiden behandelte blühende Luzerne 24Stunden lang (LIEBERMANN et al. 1954). Anopheles stephensi flieht von behandelten Flächen (HADAWAY and BARLOW 1953). Im Labor wirkt Aldrin (netzbares Pulver) sehr stark repellent auf *Musca domestica* (DICKE et al. 1952).

Dieldrin (1,2,3,4,10,10-hexachlor-exo-6,7-epoxy-1,4,4a,5,6,7,8,8a-octahydro-1,4 endo, exo-5,8 dimethannaphthalin)

Saatgutbehandlung mit Dieldrin führt zur Repellenz gegen Drahtwürmer (*Melanotus communis*) (LONG and LILLY 1958). Ein geringer Deterrent-Effekt wird nach Imprägnation Weizen enthaltender Jutebehälter auf *Sitophilus oryzae* ausgeübt (RATTAN LAL et al. 1961). Honigbienen meiden behandelte blühende Luzerne 24 Stunden lang (LIEBERMANN et al. 1954).
Nach Dieldrinbehandlung (2—3 pound per acre) zur Japankäfer-Bekämpfung beobachtet LUCKMANN (1960), daß der Befall mit *Pyrausta nubilalis* (Hbn.) in Maisfeldern innerhalb der behandelten Gebiete größer ist als in umliegenden Feldern. Die Faktoren des ansteigenden Befalls werden jedoch nicht genau bestimmt.
Anopheles stephensi flieht von mit Dieldrin behandelten Flächen (HADAWAY and BARLOW 1953). Auf *Musca domestica vicina* Macq. wirkt es leicht attraktiv in relativ hohen Dosen (100 und 200 mg/90 cm²), bei gewöhnlichen Dosen jedoch indifferent im T-Rohr-Olfaktometer (IKEDA 1958c). Im Laktosekügelchen-Test wird mittlere Repellenz beobachtet (IKEDA 1957). Auf Textilschädlinge wirkt 0,05%iges Dieldrin abschreckend (METCALF and FLINT 1962).

Endrin (1,2,3,4,10,10-hexachlor-6,7-epoxy-1,4,4a,5,6,7,8,8a-octahydro-exo-1, 4-exo-5,8-dimethannaphthalin) und Isodrin

Mit Endrin behandeltes Saatgut wirkt repellent auf Drahtwürmer (*Melanotus communis*) (LONG and LILLY 1958). Nach LEE (1962) zeigt Endrin-Emulsion (0,02%) einen gewissen Repellent-Effekt gegen eierlegende Fliegen der Art *Melanogromyza sojae* (Zehnter), einen Schädling der Sojabohne. Angewandt auf blühende Luzerne schreckt es Honigbienen ab (LIEBERMANN et al. 1954). Isodrin vermindert die Attraktivität von Ködern für *Blatella germanica* (L.) (HUSAIN and FISK 1955).

Methoxychlor (2,2-Bis(p-methoxyphenyl)-1,1,1-trichloräthan)

Aus Freilandexperimenten wird Repellenz gegen *Popillia japonica* geschlossen (FOSTER 1955).
Angewandt auf Rinder wirkt es repellent gegen *Stomoxys calcitrans* (L.) (ROBERTS et al. 1960). DICKE et al. (1952) stellen im Labor Attraktivität von Methoxychlor techn. auf *Musca domestica* fest.

Toxaphen (Octachlorcamphen)

Bei Anwendung von 0,2% Toxaphen auf Baumwolle hält die Repellentwirkung der Rückstände *Lygus voselleri* Pop. vom Befall ab (McKINLAY 1953). Auf Senf wirkt es abschreckend gegen die Larven von *Athalia colibri* Christ. (SCHMUTTERER 1956). WEAVER (1951) spricht von geringer Repellenz auf Honigbienen in Baumwolle.
Nach MENKE (1954) ist 15%iger Toxaphenstaub nur schwach repellent für die Wildbiene *Nomia melandri* Ckll. Entsprechend der Ansicht einiger Praktiker soll sie jedoch durch 10—15%igen Toxaphenstaub 3—4 Tage von blühender

Luzerne abgehalten werden (GODAN 1958). Bevorzugung mit Toxaphen behandelter Blumenkohl- und Kohlrübenpflanzen durch *Myzus persicae* (Sulz.) beobachten HEATHCOTE and WARD (1958). Mit Toxaphen behandelte Flächen werden von *Anopheles stephensi* gemieden (HADAWAY and BARLOW 1953). Auf *Musca domestica* übt es mäßige Repellenz aus (DICKE et al. 1952).

TDE (DDD; 2,2-Bis(p-chlorphenyl)-1,1-dichloräthan)

Aus Freilandexperimenten wird Repellenz auf *Popillia japonica* geschlossen (FOSTER 1955). Im Y-Rohr-Olfaktometer wirkt es repellent auf *Musca domestica* (DICKE et al. 1952).

Pentachlorphenol

Seine Repellenz soll 5-jährigen Schutz gegen die Termite *Cryptotermes brevis* (Walk.) verleihen (WOLCOTT 1949).

ORGANISCHE PHOSPHOR- UND SCHWEFELVERBINDUNGEN

Parathion (E-605; 0,0-Diäthyl-0-p-nitrophenyl-phosphorthioat)

Nach SCHWERTDFEGER (1948) wirkt eine 4%ige E-605f-Emulsion abschreckend auf *Ips typographus* L. (0,5 l/m^2 Stammoberfläche); bei 0,2—1% ist keine Reaktion zu beobachten. Mit steigender Konzentration sinkt die Zahl der Einbohrungen. Starke Aufwandmengen wirken ähnlich wie hohe Konzentrationen. Auf den großen braunen Rüsselkäfer (*Hylobius abietis* L.) geht dagegen eine Lockwirkung von E-605 aus, wenn es auf Fangrinden angewendet wird (SCHIMITSCHEK 1949). Nach MITSCHERLICH und RAUSCH (1950) spielt die Lockwirkung auf *Hylastes cunicularius* Er. und *Hylobius abietis* bei der Anwendung von Fangrinden und -knüppeln eine bedeutende Rolle.
Nach Behandlung von Kartoffeln mit 0,01 und 0,02%igem E-605 f steigt der Wiederbefall mit Geflügelten der Grünen Pfirsichblattlaus (*Myzodes persicae* Sulzer) schneller an als auf unbehandelten Flächen (RÖNNEBECK 1950). SCHMIDT (1952) beobachtet Anlockung fliegender *Myzodes persicae* durch 0,05%ige E-605f-Emulsion. Attraktivität von Parathion auf Aphiden wird auch von ROLAND (1953) und HEINZE (zitiert bei BROADBENT 1957) vermutet. SHANKS (1960) und SHANKS and CHAPMAN (1965) stellen fest, daß *Myzus persicae* Sulzer an mit 0,025%igem Parathion behandelten Tabakblättern mehr Saugproben als an unbehandelten unternimmt. Auch im Petrischalenversuch mit behandeltem Filtrierpapier und im Olfaktometer ist die Attraktivität nachweisbar. SHANKS (1960) bestätigt die auf *Hylobius abietis* ausgehende Lockwirkung.
Verdünnungen im Verhältnis 1:2000 bewirken bei Mengen von 8 l/m^2 Waldboden eine sofortige Fraßhemmung für Maikäfer-Engerlinge (RICHTER 1951). Von 0,05% aufwärts beobachtet ROGOFF (1952) Repellenz auf *Heliothrips haemorrhoidalis* (Bouché). Aus Freilandexperimenten wird Repellenz gegenüber

Popillia japonica vermutet (FOSTER 1955). Nach Untersuchungen von MENKE (1954) ist die Repellenz von Parathion-Sprühungen auf die Wildbiene *Nomia melandri* Ckll. relativ schwach. Im T-Rohr-Olfaktometer kann bei niedrigen Konzentrationen Attraktivität für *Musca domestica* beobachtet werden (WIESMANN 1962). Bei Zugabe von 0,02%igem Parathion zu Köderfallen steigen die Fänge mit *Hippelatus collusor* (Townsend) und *Milichiella*-Arten (Dipt.) im Vergleich zu Fallen ohne Insektizid (MULLA et al. 1960).

GODAN (1959) untersucht die sinnesphysiologische Wirkung von Parathion auf verschiedene Insekten im Labor und Freiland unter Berücksichtigung der Reaktionsänderungen mit dem Konzentrationswechsel. Umschlag der Wirkung von attraktiv zu repellent bei steigender Konzentration weist sie im Labor an *Calandra granaria* L., *Acanthoscelides obtectus* Say (Coleopt.), *Drosophila melanogaster* Mg., *Ceratitis capitata* Wied., Raupen von *Bombyx mori* L. und Nymphen und Imagines von *Dysdercus fasciatus* Sign. (Heteropt.), im Freiland an Phyllotreta-Arten und *Pieris brassicae* L. nach. Auf *Pegomyia hyoscyami* Panz. wirkt Parathion im Freiland attraktiv, auf die Veilchengallmücke (*Dasyneura affinis* Kieff.) repellent.

Malathion (0,0-Dimethyl S-1,2-di(äthoxycarbamyl)äthylphosphordith-ioat)

Bei Zufügen von Malathion zu Köderfallen für *Ceratitis capitata* Wied. werden die Fänge reduziert (Steiner et al. 1957). Angewandt zu 4 ppm auf Weizen wirkt es repellent auf *Laemophloeus ferrugineus*(Steph.), nicht jedoch auf *Sitophilus granarius* (L.) (WATTERS 1959).

Malathion-Emulsionen über 1% verursachen Repellenz gegenüber *Musca domestica* (GAHAN et al. 1954). Im Käfigwahlversuch geht auf *Musca domestica vicina* Macq. bei 5 mg/30 cm² Attraktivität aus, bei hohen Dosen leichte Repellenz (IKEDA 1959a). Attraktanz auf Schmeißfliegen wird von GOODHUE and HOWELL (1960) beobachtet. Nach MULLA et al. (1960) ergibt die Zugabe von 0,02% Malathion zu Köderfallen höhere Fänge an *Hippelatus collusor* (Townsend) und *Milichiella*-Arten als bei Fallen ohne Insektizid.

TEPP (Bis-0,0-Diäthylphosphoranhydrid)

Obwohl nach THOMPSON et al. (1953) TEPP eines der wenigen Insektizide ohne Repellenz gegen Fliegen und deshalb für Fliegenköder geeignet ist, stellen GAHAN et al. (1953) Repellenz bei Konzentrationen über 0,5% fest, wodurch die toxische Wirkung der Köder für *Musca domestica* sinkt.

Systox (Demeton; 0,0-Diäthyl-0-2-(äthylthio)äthyl-phosphorthioat) und Disyston (0,0-Diäthyl-S-2 (äthylthio) äthyl-phosphordithioat)

Das systemische Insektizid Systox hat nach UNTERSTENHÖFER (1951) als 0,05%-ige Emulsion eine abschreckende Wirkung auf Blattläuse. Nach SCHMIDT (1952) lockt es jedoch bei der Konzentration 0,1% geflügelte *Myzodes persicae* an (die Anzahl auf behandelten Kartoffelflächen ist größer als auf unbehandelten).

Auch HEINZE (zitiert bei BROADBENT 1957) berichtet, daß Aphiden häufiger an mit Demeton behandelten Pflanzen als an unbehandelten probieren. Über Vergrämung von Honigbienen von einem systox-behandelten blühenden Luzernefeld (0,42 kg/ha) berichten LIEBERMAN et al. (1954). Nach GODAN (1959) erfolgt mit steigender Konzentration ein Umschlag der Wirkung auf Raupen von *Bombyx mori* von attraktiv zu repellent.
Zuckerrüben, die einmal mit Systox gesprüht wurden oder aus mit Disyston behandelten Samen gewachsen sind, besitzen anfänglich Schutz gegen Befall durch die Rübenfliege (*Pegomyia hyoscyami betae* Curtis), werden jedoch bald stärker befallen als unbehandelte Pflanzen (STEUDEL 1960). Es liegt hier ein Fall vor, bei dem von systemischer Attraktanz gesprochen werden kann.
BARTLETT (1965) demonstriert im Labor schwache Repellenz von Demeton auf parasitische Hymenopteren (*Metaphycus luteolus* Timberlake, *Aphytis melinus* DeBach) und räuberische Coccinelliden (*Lindorus lophanthae* Blaisdell, *Cryptolaemus montrouzieri* Mulsant).

Diazinon (Exodin; 0,0-Diäthyl-0-(2-isopropyl-4-methyl-6-pyrimidinyl)-phosphorthioat)

Umschlag von attraktiver zu repellenter Wirkung auf Raupen von *Bombyx mori* stellt GODAN (1959) bei steigender Konzentration im Labor fest. Im T-Rohr-Olfaktometer wirkt es in niedrigen Konzentrationen attraktiv auf *Musca domestica* (WIESMANN 1962).

Trichlorphon (Dipterex; 0,0-Dimethyl (1-hydroxy-2,2,2-trichloräthyl) phosphonat)

Im Freiland wirkt 1%iges Trichlorphon anlockend auf *Hylobius abietis*. Durch Anwendung auf Fangrinden oder Plastefallen erhält man eine komplexe Schutzmethode (NOVAK 1965).
Bei höheren Dosen (500 mg/30 cm^2) wird im Käfigwahlversuch Repellenz gegen *Musca vicina* Macq. beobachtet (IKEDA 1959 a). Zufügen von Dylox (0,02%) zu Köderfallen führt zu einer Erhöhung der Fänge an *Hippelatus collusor* (Townsend) und *Milichiella*-Arten gegenüber Fallen ohne Insektizid (MULLA et al. 1960).

DDVP (Dimethyl-2,2-dichlorvinyl-phosphat)

DDVP techn. (90%) ist in Konzentrationen von 0,05%, 0,5% und 5% extrem attraktiv und insektizid zugleich für *Musca vicina* Macq. im Käfigwahltest (IKEDA 1959a).

Korlan (0,0-Dimethyl-0-2,4,5-trichlorphenyl-phosphorthioat techn.)

Im Käfigversuch wirkt die Handelsform von Korlan attraktiv bei 5 mg/30 cm^2, repellent bei höheren Dosen auf *Musca vicina* Macq. (IKEDA 1959a). Zugabe von 0,02%igem Korlan zu Köderfallen erhöht deren Attraktivität für *Hippelatus collusor* (Townsend) und *Milichiella*-Arten (Mulla et al. 1960).

Thimet (Phorat; 0,0-Diäthyl S-(äthylthiomethyl) phosphordithioat)

Im Gewächshaus verweilen geflügelte *Myzus persicae* länger auf mit Thimet behandelten Tabakblättern als auf unbehandelten (Shanks 1960).

Dicapthon (0,0-Dimethyl-0-2-chlor-4-nitrophenyl-phosphorthioat)

Bei Zugabe von 0,02%igem Dicapthon zu Köderfallen erhöhen sich die Fänge von *Hippelatus collusor* (Townsend) und *Milichiella*-Arten (Mulla et al. 1960).

Bayer 22408 (0,0-Diäthyl-0-naphthaloxymidphosphorthionat)

Bayer 22408 erhöht zu 0,02% wie Dicapthon die *Hippelatus*- und *Milichiella*-Fänge (Mulla et al. 1960).

CARBAMATE

Während die insektiziden Eigenschaften vieler Carbamate gut bekannt sind, wird über ihre sinnesphysiologischen Wirkungen gegenüber Insekten wenig berichtet. Guy (1937) beobachtet fraßhindernde Wirkung eines Thiocarbamats auf *Epilachna varivestis* Mulsant, *Leptinotarsa decemlineata* (Say) und *Popillia japonica* Newm. Georghiou and Metcalf (1962) zeigen, daß verschiedene Carbamat-Verbindungen bei Anwendung auf Baumwollblätter den Fraß der Larven von *Estigmene acrea* (Drury) verhindern. Repellenz von Bayer 39007 (0-Isopropoxyphenylmethyl-carbamat) auf *Anthonomus grandis* Boh. wird im Fraßtest beobachtet, wenn die Wurzeln der Baumwollsämlinge in eine das Carbamat enthaltende Nährlösung tauchen (Matteson et al. 1963). Es handelt sich hierbei um eine systemisch induzierte gustatorische Repellenz. In niedrigen Konzentrationen wirkt Isolan (1-Isopropyl-3-methyl-5-pyrazolyldimethylcarbamat) im T-Rohr-Olfaktometer attraktiv auf *Musca domestica* (Wiesmann 1962).

INSEKTIZIDE PFLANZLICHER HERKUNFT UND SYNERGISTEN

Nach Poenicke (1933) scheuen Maikäfer mit Nikotin gespritzte Kulturen. Nikotinsulfat wirkt abschreckend auf Melonenfliegen (*Dacus cucurbitae* Coq.) (Marlowe 1940).
Derris-Brühen wirken ab einer Konzentration von 2,4% bei Anwendung auf Apfel- und Pfirsichbäume repellent gegenüber *Popillia japonica*, nicht jedoch zur Zeit der Fruchtreife, in der sie eine attraktive Wirkung ausüben. Die Repellenz der Derris-Brühen soll hauptsächlich auf dem Gehalt an Rotenon und Deguelin beruhen (Osburn 1934; Fleming and Baker 1936). Fraßhindernde Wir-

kung von Derris-Suspensionen mit einem Rotenongehalt von 0,025%, 0,05% und 0,25% auf den mexikanischen Bohnenkäfer (*Epilachna varivestis* Muls.) beobachten FULTON and MASON (1937). Nach HUCKETT (1941) wirkt Derris-Puder auf viele Insekten abschreckend, unter anderem auf *Epilachna varivestis*. Auch der Gurkenkäfer (*Acalymma vittata* F.) wird durch 1%igen Rotenonstaub von den Gurken ferngehalten (HARCOURT and CASS 1955).
Mit Pyrethrum besprühte Baumstämme werden von den Raupen des Apfelwicklers (*Carpocapsa pomonella* L.) auf der Suche nach Verpuppungsstellen gemieden (YOTHERS and CARLSON 1944).
Entsprechend den Anwendungsbereichen des Pyrethrums betreffen die meisten Beobachtungen über seine sinnesphysiologische Wirkung Vorrats- und Hygiene-Schädlinge. Nach LAUDANI and SWANK (1954) ist die langdauernde Wirkung von Pyrethrum-Rückständen gegenüber Getreideschädlingen auf Repellenz zurückzuführen. Sie weisen im Labor die abschreckende Wirkung bei 0,25 und 0,37 ppm auf Mehlkäfer (*Tribolium* spec.), bei 0,3 ppm und schwächer bei 0,1 ppm auf die Getreidekäfer *Oryzaephilus surinamensis* L., *Rhizopertha dominica* F. und *Lophocateres pusillus* Klg. nach. Ähnliche Reaktionen zeigen *Calandra oryzae* L. und Larven von *Attagenus piceus* Oliv. Rückstände von 0,5 und 1,0 ppm auf schwarzem Pfeffer wirken trotz einer gewissen Toxizität anlockend auf Imagines von *Tribolium* spec.
Auch LAUDANI and DAVIS (1955) betrachten die Repellenz von Pyrethrum mit dem Synergisten Piperonylbutoxyd, angewandt auf Verpackungsmaterial, als primären Modus der Wirkung gegen Insekteninvasionen. LAUDANI et al. (1955) sprechen von Repellenz bei 50, 100 und 200 mg pro square foot Packmaterial. Nach FREY und MELTZER (1955) hält die abschreckende Wirkung von Piperonylbutoxyd auf Vorratsschädlinge 2—3 Wochen an.
SWANK et al. (1957) zeigen die Repellenz von Pyrethrum auf *Tribolium* spp. durch Wahlversuche mit behandeltem und unbehandeltem Packpapier. Im Wahlversuch zwischen Behältern mit behandeltem und unbehandeltem Weizen wirkt Pyrethrum mit dem Synergisten Piperonylbutoxyd (Pyrethrine 1,5 ppm, Piperonylbutoxyd 15 ppm) repellent zu *Tribolium confusum* Duv. und *Sitophilus oryzae* (L.) (STRONG et al. 1961). Repellenz gegenüber der letztgenannten Art (= *Calandra oryzae* L.) bei 3—4 ppm Pyrethrum beobachtet CHADWICK (1962). Bei niedrigen Konzentrationen verschwindet die Repellenz. Die Befallsverminderung durch Repellenz wird deutlich, wenn unbehandelter Weizen verfügbar ist.
Pyrethrum ist ein starkes Moskito- und Fliegenrepellent (GINSBURG 1935; SHAW et al. 1943; RIBBANDS 1946; DETHIER 1947 u. a.). *Anopheles minimus* schreckt vor dem Eintritt in gesprühte Hütten zurück (RIBBANDS 1946). Bei Anwendung auf die Haut reduziert Pyrethrum das Landen und Stechen von Moskitos (JOHNSON 1947a,b) und Tsetse-Fliegen (FINDLEY et al. 1946). Es verhindert den Stich von *Glossina palpalis* und Culiciden (HORNBY and FRENCH 1943; HOLDEN and FINDLAY 1944). Repellenz von Pyrethrum gegen *Culex fatigans* wird von PAULINI & RICCIARDI (1954) beobachtet. Pyrethrum-Thio-

cyanat-Öl-Sprühungen auf Vieh ergeben einen 4-stündigen Schutz gegen *Stomoxys calcitrans* (L.) und einen $10^1/_2$-stündigen gegen *Haematobia irritans* (L.) (Howell and Fenton 1944). Die Repellenz gegenüber *Stomoxys calcitrans* wird auch von Roberts et al. (1960) nachgewiesen. Dethier (1947) berichtet von der Repellentwirkung des Pyrethrums auf Schmeißfliegen und des Rotenons auf Zecken. Pyrethrine und Allethrin zeigen Repellenz gegen *Musca domestica vicina* Macq. (Ikeda 1957, 1958a). Im T-Rohr-Olfaktometer ist die Wirkung jedoch nicht signifikant und eher attraktiv als repellent (Ikeda 1958c, d). Im Fraßtest mit Laktosekügelchen tritt die Repellenz jedoch klar in Erscheinung. Es handelt sich offenbar um eine gustatorische, eine Kontaktrepellenz und nicht um eine Wirkung in der Gasphase (Ikeda 1958d). Im Käfigwahltest ist Pyrethrum in den Prüfkonzentrationen 0,05%, 0,5% und 5% repellent für *Musca vicina* (Ikeda 1959a).

TEERPRODUKTE

Über Vergrämung von Maikäfern, besonders der eierlegenden Weibchen, durch Naphthalin berichten Escherich (1916), Löschnig (1932), Faes et al. (1933), Zweigelt (1933), Rieth (1937), Blunck (1938 a, b), Meyer (1942), Fuchs (1952) und andere. Nach Stanilan and Walton (1928) hat die Repellentwirkung von Naphthalin Bedeutung bei der Bekämpfung verschiedener Kohlschädlinge, darunter *Psylliodes chrysocephala* L., *Ceutorrhynchus pleurostigma* Marsh. und *Phorbia brassicae* Bché. Repellenz auf Kohlfliegen beobachtet auch Goffart (1932). Durch Stäuben des Bodens mit Naphthalin wird *Psila nigricornis* Meigen von der Eiablage abgehalten (Cameron 1939). Repellentwirkung gegenüber der Narzissenfliege erwähnt Dethier (1947). Naphthalinflocken werden zur Bekämpfung von *Psila rosae* F. verwendet, da sie die Möhrenfliege abschrecken und die Larven bei Kontakt töten (Thomssen and Doner 1942). Auch *Popillia japonica* Newm. soll durch Naphthalin von der Eiablage abgehalten werden (Lipp 1934). Es dient außerdem als Repellent gegen Ameisen in Gewächshäusern (Sorauer 1953, 1956). Die beiden Ulmensplintkäfer *Scolytus multistriatus* Marsham und *Hylurgopinus rufipes* (Eichh.) werden von mit Naphthalin behandelten Ulmenklötzen abgestoßen (Whitten 1942). Hase (1951) empfiehlt es als Mottenabschreckmittel. Arnold (1957) weist nach, daß Naphthalin in niedrigen Konzentrationen repellent auf den Textilschädling *Attagenus megatoma* (F.) (*piceus* (Ol.)) wirkt. Auch zeigt es Repellenz gegenüber *Bombyx mori* (Götz 1951) und Honigbienen (Dethier 1947).

Eine Abhaltung von Maikäfern soll auch durch Teeröl möglich sein (Kaysing 1933). Bei Versuchen, die Schildlaus *Toumeyella numismaticum* Pt. and McD. mit Ölsprühungen zu bekämpfen, wird das Ausbleiben der feindlichen Coccinelliden (*Hyperaspis binotata* (Say), *Chilocorus bivulnerus* Mulsant, *Coccinella novemnotata* Herbst u.a.) durch eine Repellentwirkung des Ölfilms erklärt (Orr 1931).

INSEKTIZIDBEIMISCHUNGEN

Eine an Schädlingsbekämpfungsmitteln beobachtete Attraktanz oder Repellenz muß nicht immer dem Wirkstoff selbst zuzuschreiben sein, sondern kann auch durch Verunreinigungen des Wirkstoffes oder durch zur Formulierung der Präparate verwendete Beimischungen wie Lösungsmittel, Emulgator usw. verursacht werden. Einige Untersuchungen zeigen, daß der letztgenannten Möglichkeit größere Bedeutung zukommt. Die Attraktivwirkung der E-605-Brühen auf Rüsselkäfer der Gattungen *Hylobius* und *Hylastes* ist durch den Spezialemulgator bedingt, der allein anlockend wirkt (Soenen 1953). Novak (1965) weist die abschreckende Wirkung organischer Insektizid-Lösungsmittel auf *Hylobius abietis* L. im Olfaktometer nach. Der E-605-Emulgator wirkt auch repellent auf den Speisebohnenkäfer (*Acanthoscelides obtectus* Say) und in Abhängigkeit von der Konzentration attraktiv bzw. repellent auf *Drosophila melanogaster* (Godan 1959). Nach Field (1950) und van Thiel (1951) ist die Repellentwirkung verschiedener DDT-Handelspräparate durch den Anteil verdampfender Lösungsmittel oder Emulgatoren bedingt. Die Prüfung verschiedener DDT-Lösungsmittel im Olfaktometer ergibt Repellenz von Velsicol AR-50, Velsicol AR-55, Dieselbrennöl, Aceton, Cyclohexan, Äthylenchlorid und Tetrahydronaphthalin gegen *Drosophila melanogaster*, von Benzylbenzoat und Dimethylphthalat gegen *Musca domestica* und von Dimethylphthalat gegen *Aedes aegypti*, dagegen Attraktanz von Butoxypropylenglykol für *Musca domestica* und *Aedes aegypti* (Hocking 1961). Letzteres ist andererseits ein weitverbreiteter Repellentbestandteil für Viehbesprühungen. Nach Hocking and Lindsay (1958) wirkt das Lösungsmittel Velsicol AR 50 im Olfaktometer repellent auf *Drosophila melanogaster*, *Musca domestica*, *Thaumatomyia glabra* Mg., *Aedes aegypti* und andere *Aedes*-Arten sowie *Culex tarsalis* Coq. Dieselbrennöl zeigt Repellenz gegen die gleichen Arten außer *Thaumatomyia glabra*.

In Repellenzversuchen mit *Sitophilus oryzae* (L.) und *Tribolium confusum* Duv. stellen Strong et al. (1961) fest, daß die Repellenz von 5 ppm Malathion und 15 ppm Methoxychlor auf Weizen wahrscheinlich auf dem Lösungsmittel Tetrachloräthylen beruht.

Am besten bekannt hinsichtlich seiner sinnesphysiologischen Wirkung ist wohl das Kerosin, das häufig als Lösungsmittel zur Herstellung von Pyrethrum- und DDT-Präparaten dient. Severin and Severin (1914 a, b) beobachten die Anlockung der Männchen von *Ceratitis capitata* Wied. durch Kerosin in Freilandfallen. Nach Ripley and Hepburn (1931) wirkt es auch auf die Männchen der Fruchtfliege *Pterandrus rosa* Ksh. attraktiv. Moskitos dagegen legen keine Eier auf Wasser, das mit Kerosin bedeckt ist (Ginsburg 1935). Gegen die Larven von *Lucilia sericata* (Meigen) wirken Kerosin und eine andere Trägersubstanz, Cellosolve (Äthylenglykolmonoäthyläther), repellent (Loeffler and Hoskins 1946). Nach Dicke et al. (1952) ist ungereinigtes Kerosin hoch repellent gegenüber Hausfliegen. Kerosin-Spritzungen bewirken eine 3- bis 4-monatige Abschrekkung von *Anopheles balabacensis* (Colles 1953).

Nach Experimenten mit Freilandfallen über die Wirkung von Insektizidbestandteilen auf *Popillia japonica* Newm. besteht eine mögliche Repellenz der Lösungsmittel Velsicol AR 60, Velsicol AR 50, „Shell solvent E-407 R", „fuel oil No. 2", Sovacid S/V 544 B, Kerosin, „Sova spray No. 2", „Shell Helix Superior oil", Xylol und „Sun solvent" sowie der Emulgatoren Atlas E 1276, Emcol 74 und Emcol 77 (FOSTER 1955).
HEATHCOTE and WARD (1958) stellen fest, daß verschiedene Netzmittel, angewendet in wässriger Lösung auf Blumenkohl- und Kohlrübenpflanzen, attraktiv auf Aphiden (*Myzus persicae*) wirken. Das trifft am ausgeprägtesten für die Wirkung von 0,1%igem Lissapol (Alkylaryläthylenoxydkondensat) auf Nymphen und Geflügelte zu, aber auch mit Laurylnatriumsulfat, Cyclohexylamindodecylnatriumsulfat oder Atlox 3335 (Mischung aus Alkylarylsulfat und Polyoxäthylensorbitanestern gemischter Fett- und Harzsäuren) behandelte Pflanzen werden gegenüber unbehandelten bevorzugt.

AKARIZIDE

Nicht nur Insektizide, sondern potentiell alle auf die Pflanzen oder in deren Umgebung ausgebrachte Chemikalien bergen die Möglichkeit attraktiver oder repellenter Wirkungen auf eine oder mehrere Insektenarten in ihrem Wirkungsbereich in sich. Nach Untersuchungen von BARTLETT (1965) zeigt das Akarizid Aramit (2-(p-tert.-Butylphenoxy)-iso-propyl 2'-chloräthylsulphit) im Labor Repellenz gegen parasitische Hymenopteren (*Metaphycus luteolus* Timberlake, *Aphytis melinus* De Bach) und räuberische Coccinelliden (*Lindorus lophanthae* Blaisdell, *Cryptolaemus montrouzieri* Mulsant). Schwache Repellenz wird bei Schradan (Bis-N, n, n', N'-tetramethylphosphordiamidanhydrid) beobachtet. DN-111 (Dicyclo-hexylammonium-dinitro-o-cyclohexylphenat) wirkt ebenfalls repellent.

FUNGIZIDE

Repellentwirkung gegen zahlreiche Insektenarten besitzt das vielgebrauchte Fungizid Bordeauxbrühe (Kupfersulfat im Gemisch mit Löschkalk) (THOMSSEN and DONER 1942; DETHIER 1947; METCALF and FLINT 1962 u.a.). So wird zum Beispiel Repellenz beobachtet gegenüber der Melonenfliege (*Dacus cucurbitae* Coq.) (MARLOWE 1940), dem Coccinelliden *Epilachna pavonia* (SORAUER 1954) und dem Kakaothrips (*Selenothrips rubrocinctus* Giard.) (FRÖHLICH et al. 1963). Eine 1%ige Bordeauxbrühe verhindert die Eiablage von *Leptinotarsa decemlineata* und führt zur Verminderung des Schadausmaßes (JERMY 1961).
Auch Schwefel kann repellent auf Insekten wirken, so als Deterrent gegen den Junikäfer *Phyllophaga anxia* Lee. (HAMMOND 1929). In Laboruntersuchungen zeigen Schwefel und Zineb (Zinkäthylen-1,2-bisdithiocarbamat) schwache Repellenz gegen parasitische Hymenopteren (*Metaphycus luteolus* Timberlake, *Aphytis melinus* De Bach) und räuberische Coccinelliden (*Lindorus lophanthae* Blaisdell, *Cryptolaemus monstrouzieri* Mulsant) (BARTLETT 1965).

Mehrfache Beobachtungen liegen über die Wirkungen von Thiuramsulfiden vor, von denen Thiram (Tetramethylthiuramdisulfid) am wirksamsten erscheint. GUY (1936) berichtet von Repellenz gegen den Kartoffelkäfer, den Mexikanischen Bohnenkäfer, den Japankäfer und „eastern tent caterpillar". Die Abschreckwirkung auf den Japankäfer wird von PIERPONT (1939) und GUY and DIETZ (1939) bestätigt. Nach HASE (1942) verhindert Tetramethylthiuramdisulfid in gewissem Grade auch Maikäferfraß an Laubgewächsen.

3.2. Laboruntersuchungen über attraktive und repellente Dampfwirkungen einiger Insektizide, Fungizide und eines Akarizides auf *Drosophila melanogaster* Meig., *Sitophilus oryzae* (L.) und einige andere Arten

3.2.1. Material und Methodik

Um Anhaltspunkte dafür zu gewinnen, ob beobachtete sinnesphysiologische Wirkungen von Pflanzenschutzmitteln den in ihnen enthaltenen Wirkstoffen oder dessen Beimischungen zuzuschreiben sind, wurden zu Vergleichszwecken Handelspräparate und ihre Wirkstoffe geprüft. Die Untersuchungen umfassen folgende Wirkstoffe und Präparate: die Chlorkohlenwasserstoffinsektizide DDT 76% (Fekama 20), HCH techn. (Hexa-Bodenstreumittel „Forst"), Lindan (Bercema-Ruscalin, Bercema-Spritz-Lindan 50, Arbitex-Spritzpulver, Bercema-Rapsinkrustiermittel), die Lindan und DDT enthaltenden Präparate Dimuxan spezial sowie Bercema-Aerosprühmittel 3 L und Toxaphen (Melipax-Aerosprühmittel); die organischen Phosphorverbindungen Methylparathion (Wofatox-Spritzmittel), Trichlorphon (Wotexit-Spritzmittel, Flibol E), Dimethoat 97% (Bi 58) und Methyldemetonmethyl (Tinox); das Carbamat Carbaryl (Sevin) (Bercema-Spritzpulver NMC 50); die organische Nitroverbindung DNOC (Dinitro-o-kresol) (Selinon-Konzentrat), das pflanzliche Insektizid Pyrethrum (25% iger Extrakt) und sein Synergist Piperonylbutoxyd (80%) (Delicia-Py-Aerosol); das Akarizid Chlorfenson (Fekama SN 59); die Fungizide Tetramethylthiuramdisulfid (TMTD) (Wolfen-Thiuram 85) und Phaltan rein (Malipur P) sowie das Schwefel-Spritzmittel Sulfex. Als Hauptuntersuchungsobjekte dienten aus Laborzuchten (s. oben) stammendeWeibchen von *Drosophila melanogaster* im Alter von 2, 3 oder 4 Tagen und auf Weizen gezüchtete *Sitophilus oryzae* beider Geschlechter im Alter von 2—4 Wochen. Anästhesierung vor dem Experiment fand nur bei *Drosophila* statt. Zusätzliche weniger umfangreiche Untersuchungen wurden mit im Labor auf ungerösteten Erdnüssen gezüchteten Dörrobstmotten (*Plodia interpunctella* Hbn.), aus einer Laborzucht (Kleie-Milch-Nährmedium) stammenden Hausfliegen (*Musca domestica* L.), aus einem Bienenstock entnommenen Honigbienen (*Apis mellifica* L.) und im Freiland gefangenen *Sitona humeralis* Steph., *Apion pisi* F. (beides Coleopt.) und *Exolygus rugulipennis* Poppius (Hemipt.) durchgeführt.

Die Prüfung der sinnesphysiologischen Wirkungen der oben genannten Wirkstoffe und Mittel auf die Versuchsobjekte erfolgte nach der in Abschnitt 2 be-

schriebenen Y-Rohr-Olfaktometer-Methode. Das Prüfmittel wird auf zwei Duftstoffbehälter (U-Rohre) verteilt, die der Luftstrom nacheinander durchläuft. Je nach Löslichkeit erfolgt Lösung des zu prüfenden Chemikals oder Chemikalien-Gemisches in destilliertem Wasser oder Aceton. Im letzten Fall werden je 2ml der Lösung auf 4 Rundfilter (Durchmesser 10 cm) gegeben, nach Trocknung (Verdampfung des Acetons) werden diese gefaltet und in die Duftbehälter gesteckt. Bei Lösung oder Emulsion in Wasser enthalten die beiden U-Rohre je 5 ml des Prüfmittels. Der Gebrauch der Wirkstoffe erfolgt mit Ausnahme von Trichlorphon durch Lösen in Aceton. Von den Präparaten werden Dimuxan spezial, Bercema-Rapsinkrustiermittel, Melipax-Aeroxprühmittel, Bercema-Aerosprühmittel, Tinox 50 und Delicia-Py-Aerosol in Aceton gelöst, Hexa-Bodenstreumittel „Forst" mit sterilem Sand gemischt, alle übrigen in Wasser gelöst, emulgiert oder suspendiert.
Den R-Werten liegt die Verteilung der Versuchstiere im Y-Rohr nach 10 Minuten Versuchsdauer zugrunde. Die Versuche wurden in 5 Wiederholungen durchgeführt. Erwies sich ein Prüfmittel nach 2—3 Versuchen weder attraktiv noch repellent, wurde es als indifferent betrachtet und auf weitere Wiederholungen verzichtet. Die Bewertungsmaßstäbe entsprechen den in Abschnitt 2 dargelegten. Bei Gebrauch eines mit Aceton getränkten und getrockneten Rundfilters im Duftstoffbehälter (Kontrollversuch) zeigten die Versuchsobjekte indifferentes Verhalten.

3.2.2. Ergebnisse

Die Ergebnisse über die sinnesphysiologische Wirksamkeit der Wirkstoffe und Präparate in der Dampfphase auf *Drosophila melanogaster* und *Sitophilus oryzae* sind in den Tabellen 15 und 16 zusammengefaßt. Die Bezeichnung „x" in den Tabellen bedeutet, daß sich aus 2 bis 3 Versuchen Indifferenz im Verhalten der Insekten ergibt. Unter der Spalte „Verhalten" wird eine Klassifizierung der R-Werte vorgenommen, die auf dem in Abschnitt 2.2.3.2. dargelegten Bewertungssystem basiert.

0 — 20%	= starke Repellenz	= —
20— 40%	= mäßige bis schwache Repellenz	= (—)
40— 60%	= Indifferenz	= 0
60— 80%	= schwache bis mäßige Attraktanz	= (+)
80—100%	= starke Attraktanz	= +

Analysiert man die aus den Tabellen 15 und 16 ersichtlichen Reaktionen von *Drosophila melanogaster* und *Sitophilus oryzae* gegenüber verschiedenen Konzentrationen von Wirkstoffen und Präparaten, so kann eine Gruppierung in folgende Kategorien vorgenommen werden, die in den Abbildungen 11 bis 16 am Beispiel von Präparat-Wirkungen veranschaulicht wird.

1. Prüfmittel, die in allen Konzentrationen indifferent für die Insekten sind.

TABELLE 15:

Verhalten von *Drosophila melanogaster* und *Sitophilus oryzae* gegenüber Pflanzenschutzmittel-Wirkstoffen im Y-Rohr-Olfaktometer

	Wirkstoff	Konzentration im Duftbehälter	*Drosophila melanogaster*			*Sitophilus oryzae*		
			Reaktionswert in Prozent	Standardabweichung	Verhalten	Reaktionswert in Prozent	Standardabweichung	Verhalten
chlorierte Kohlenwasserstoffe	DDT 76%	10^{-4}	25	1,0	(—)	15	2,0	—
		10^{-2}	26	1,9	(—)	33	2,6	(—)
		1	25	1,8	(—)	71	1,6	(+)
		10	20	1,7	—	41	2,0	0
	HCH techn.	10^{-4}	26	0,5	(—)	34	2,8	(—)
		10^{-2}	9	0,6	—	36	1,4	(—)
		1	16	1,3	—	20	1,2	—
		10	13	1,6	—	17	2,5	—
	Lindan	10^{-4}	×		0	77	1,2	(+)
	(99,5%	10^{-2}	54	0,8	0	60	1,3	(+)
	γHCH)	1	32	0,6	(—)	49	3,6	0
		10	35	1,1	(—)	71	4,5	0
	Toxaphen	10^{-4}	21	1,2	(—)	73	3,1	(+)
		10^{-2}	22	1,7	(—)	34	0,9	(—)
		1	15	1,7	—	20	2,1	(—)
		10	31	1,0	(—)	24	1,5	(—)

TABELLE 15 (Fortsetzung)

Organische Phosphorverbindungen	Methyl-parathion . . .	10^{-4}	×		0	22	2,4	(−)
		10^{-2}	×		0	27	0,7	(−)
		1	×		0	20	0,9	(−)
		10	×		0	29	2,6	(−)
	Trichlor-phon	10^{-4}	×		0			
		10^{-3}	45	3,8	0	47	2,0	0
		10^{-2}	41	2,4	0	33	2,2	(−)
		10^{-1}	48	2,2	0	42	2,3	0
		1	40	1,4	—	27	2,7	(−)
		10	26	1,6	—	34	1,9	(−)
	Dimethoat . . 97%	10^{-4}	56	3,7	0	×		0
		10^{-2}	×		0	×		0
		1	×		0	×		0
		10	3	0,8	—	40	3,5	0
	Methyl-demetonmethyl	10^{-4}	28	1,8	(−)	82	2,1	+
		10^{-2}	27	3,4	(−)	73	3,6	(+)
		1	14	0,4	—	56	2,6	0
		10	16	0,5	—	39	3,0	0
Carbamat	Carbaryl . . .	10^{-4}	33	1,5	(−)	30	2,9	(−)
		10^{-2}	22	2,8	(−)	30	2,5	(−)
		1	27	2,3	(−)	22	2,7	(−)
		10	23	2,7	(−)	82	3,8	+
organische Nitroverbindung	DNOC . . .	10^{-4}	×		0	24	1,8	(−)
		10^{-2}	×		0	32	2,9	(−)
		1	×		0	65	1,9	(+)
		10	8	1,2	—	23	2,0	(−)

TABELLE 15 (Fortsetzung)

	Wirkstoff	Konzentration im Duftbehälter	*Drosophila melanogaster*			*Sitophilus oryzae*		
			Reaktionswert in Prozent	Standardabweichung	Verhalten	Reaktionswert in Prozent	Standardabweichung	Verhalten
pflanzliches Insektizid	Pyrethrum-extrakt 25%	10^{-4}	35	2,2	(–)	85	1,6	+
		10^{-2}	39	1,2	(–)	81	3,8	+
		1	20	1,4	(–)	×		0
		10	32	1,4	(–)	63	2,6	0
		100	10	1,3	–	22	1,0	(–)
Synergist	Piperonyl-butoxyd techn. (80%)	10^{-4}	×		0	82	2,3	+
		10^{-2}	×		0	72	4,0	(+)
		1	38	2,0	(–)	67	1,9	(+)
		10	11	0,7	–	53	1,9	0
		100	38	0,9	(–)	35	0,8	(–)
Akarizid	Chlor-fenson	10^{-4}	10	0,9	–	55	2,5	0
		10^{-2}	32	1,5	(–)	47	1,4	0
		1	31	3,1	(–)	67	1,8	(+)
		10	47	2,2	0	75	1,8	(+)
Fungizide	TMTD	10^{-4}	29	1,3	(–)	26	1,6	(–)
		10^{-2}	48	2,7	0	39	2,1	0
		1	17	1,4	–	26	2,2	(–)
		10	16	1,4	–	23	1,6	(–)
	Phaltan rein	10^{-4}	×		0	×		0
		10^{-2}	×		0	×		0
		1	22	2,5	(–)	×		0

Unter den Wirkstoffen gehören hierzu hinsichtlich ihrer Wirkung auf *Drosophila* Methylparathion, hinsichtlich ihrer Wirkung auf *Sitophilus* Dimethoat und Phaltan. Von den Präparaten wirken indifferent auf *Drosophila* Flibol E, auf *Sitophilus* Bercema-Ruscalin, Hexa-Bodenstreumittel „Forst", Fekama SN 59 und Wol fen-Thiuram 85.

2. Prüfmittel, die in niedrigen Konzentrationen indifferent, in höheren repellent wirken (Abbildungen 11a und b).

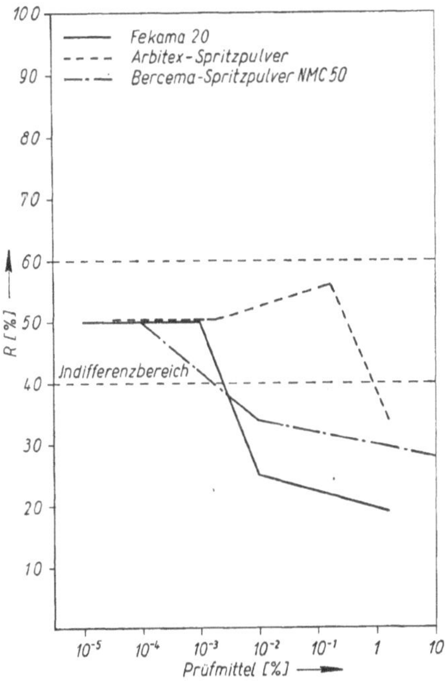

Abb. 11a. Reaktionskategorie 2, *Drosophila*

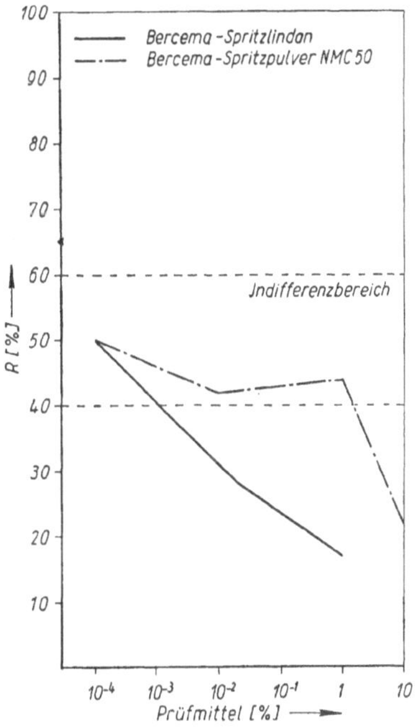

Abb. 11b. Reaktionskategorie 2, *Sitophilus*

Drosophila betreffend gehören zu dieser Kategorie unter den Wirkstoffen Lindan, Trichlorphon, Dimethoat, DNOC, Piperonylbutoxyd (Synergist), TMTD und Phaltan, unter den Präparaten Fekama 20, Bercema-Aerosprühmittel 3 L, Arbitex-Spritzpulver, Tinox 50, Bercema-Spritzpulver NMC 50 und Selinon. Auf *Sitophilus* wirken in dieser Weise unter den Wirkstoffen Trichlorphon und TMTD, von den Präparaten Bercema-Spritzlindan 50 und Bercema-Spritzpulver NMC 50.

3. Prüfmittel, die in allen Prüfkonzentrationen repellent wirken (Abbildungen 12a und b).

TABELLE 16:

Verhalten von *Drosophila melanogaster* und *Sitophilus oryzae* gegenüber Pflanzenschutzmitteln im Y-Rohr-Olfaktometer

	Mittel	Konzentration im Duftbehälter	*Drosophila melanogaster* Reaktionswert in Prozent	Standardabweichung	Verhalten	*Sitophilus oryzae* Reaktionswert in Prozent	Standardabweichung	Verhalten
chlorierte Kohlenwasserstoffe	Fekama 20 . .	10^{-5}	×		0	×		0
		10^{-4}	×		0	78	1,4	(+)
		10^{-3}	×		0			
		10^{-2}	25	1,5	(—)	86	3,7	+
		2	19	2,2	—	67	10,0	0
		10				×		0
	Hexa-Bodenstreumittel „Forst" . . .	10^{-1}	×		0	×		0
		1	35	1,9	(—)	41	1,6	(—), nahe 0
		10	58	2,6	0	70	6,1	0
		100	62	1,3	(+)	×		0
	Bercema-Ruscalin . . .	10^{-4}	73	3,4	(+)	×		0
		10^{-2}	×		0			
		1	44	2,8	0	×		0
		10	33	0,2	(—)	×		0
	Bercema-Spritzlindan 50 . .	10^{-4}	×		0	×		0
		$3 \cdot 10^{-2}$	75	1,9	(+)	28	1,1	(—)
		1	16	1,4	—	17	2,7	—
	Bercema-Aerosprühmittel 3 L . .	10^{-4}	×		0	36	1,2	(—)
		1	19	3,2	—	25	4,4	(—)
		100	1	0,3	—	28	3,2	(—)

TABELLE 16 (Fortsetzung)

chlorierte Kohlenwasserstoffe	Dimuxan spezial	10^{-4}	18	1,9	—	73	5,3	0
		1	19	1,2	—	24	1,0	(—)
		100	17	2,0	—	68	1,8	(+)
	Arbitex-Spritz-pulver	10^{-4}	×		0	78	3,5	(+)
		$2 \cdot 10^{-3}$	×		0	71	2,9	(+)
		$2 \cdot 10^{-1}$	56	2,6	0	35	1,8	(—)
		2	34	1,5	(—)	68	2,4	(+)
	Bercema-Rapsinkrustier-mittel	10^{-4}	31	3,4	(—)	29	1,4	(—)
		1	35	1,5	(—)	15	0,9	—
		10	25	1,8	(—)	26	1,5	(—)
	Melipax-Aerosprüh-mittel	10^{-4}	31	1,5	(—)	22	3,3	(—)
		10^{-2}	39	1,4	(—)	29	3,1	(—)
		1	29	2,5	(—)	67	2,5	(+)
		10	32	1,6	(—)	68	2,4	(+)
Organische Phosphorverbindungen	Wofatox-Spritz-mittel	10^{-4}	62	1,2	(+)	70	2,3	(+)
		$3 \cdot 10^{-3}$	39	1,2	(—)	62	2,3	(+)
		$3 \cdot 10^{-1}$	15	2,2	—	3	0,8	—
	Wotexit-Spritz-mittel	10^{-4}	71	2,5	(+)	74	4,6	(+)
		$2 \cdot 10^{-1}$	31	0,9	(—)	82	0,8	+
		2	1	0,4	—	36	2,4	(—)
	Flibol E . . .	10^{-4}	×		0	×		0
		10^{-2}				25	2,5	(—)
		10^{-1}	×		0			
		4	×		0	78	2,1	(+)
		100	×		0	88	1,8	+
	Bi 58	10^{-4}	30	1,6	(—)	19	1,2	—
		10^{-2}	3	0,7	—	16	1,1	—
		1	3	0,7	—	14	(Stich-probe)	—
		10	1	0,4	—	3	0,7	—
	Tinox 50 . . .	10^{-4}	×		0	32	2,7	(—)
		$5 \cdot 10^{-4}$	42	0,5	(—)	27	1,8	(—)
		$5 \cdot 10^{-2}$	20	1,8	—	33	2,0	(—)

TABELLE 16 (Fortsetzung)

Mittel		Konzentration im Duftbehälter	*Drosophila melanogaster* Reaktionswert in Prozent	*Drosophila melanogaster* Standardabweichung	*Drosophila melanogaster* Verhalten	*Sitophilus oryzae* Reaktionswert in Prozent	*Sitophilus oryzae* Standardabweichung	*Sitophilus oryzae* Verhalten
Carbamat	Bercema-Spritzpulver NMC 50 . . .	10^{-4}	×		0	×		0
		10^{-2}	34	0,9	(−)	42	0,4	(−), nahe 0
		1	30	1,3	(−)	44	1,7	0
		10	28	0,9	(−)	22	0,9	(−)
organische Nitroverbindung	Selinon-Konzentrat . .	10^{-4}	×		0	68	1,5	(+)
		10^{-2}	15	2,0	—	36	1,1	(−)
		1	22	3,1	(−)	39	1,2	(−)
pflanzliches Insektizid	Delicia-Py-Aerosol. . . .	10^{-4}	18	1,3	—	37	1,8	(−)
		10^{-2}	24	1,3	(−)	40	0,5	(−)
		1	30	0,7	(−)	80	2,1	(+)
		100	30	1,1	(−)	74	5,1	0
Akarizid	Fekama SN 59	10^{-4}	46	3,5	0	×		0
		$4 \cdot 10^{-1}$	73	0,6	(+)	×		0
		100	1	0,4	—	×		0
organisches Fungizid	Wolfen-Thiuram 85	10^{-4}	×		0	×		0
		$3 \cdot 10^{-1}$	×		0	58	4,4	0
		3	71	2,2	(+)	×		0
	Malipur P . .	10^{-4}	×		0	23	2,3	(−)
		$3 \cdot 10^{-1}$	83	0,7	+	70	1,3	(+)
		3	55	1,7	0	×		0
		100	25	1,6	(−)	×		0
anorganisches Fungizid	Sulfex	10^{-4}	36	2,1	(−)	22	1,4	(−)
		10^{-2}	29	0,8	(−)	38	0,9	(−)
		1	33	1,4	(−)	22	1,4	(−)
		10	26	2,7	(−)			

Repellenz in allen Konzentrationen gegenüber *Drosophila* zeigen die Wirkstoffe DDT, HCH techn., Toxaphen, Methyldemetonmethyl, Carbaryl und Pyrethrum, die Präparate Dimuxan spezial, Bercema-Rapsinkrustiermittel, Melipax-Aerosprühmittel, Bi 58, Delicia-Py-Aerosol und Sulfex. Eine entsprechende Wirkung geht auf *Sitophilus* aus von den Wirkstoffen HCH techn. und Methylparathion, von den Präparaten Bercema-Aerosprühmittel, Bercema-Rapsinkrustiermittel, Bi 58, Tinox 50 und Sulfex. Mit steigender Konzentration kann die Repellenz entweder gleich bleiben oder, was häufig zu beobachten ist, sich verstärken.

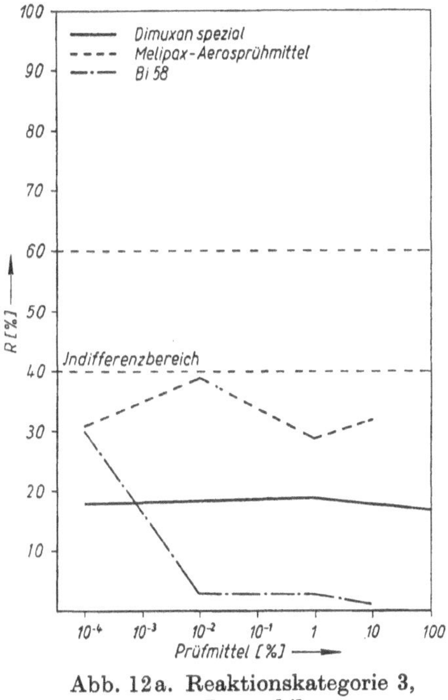

Abb. 12a. Reaktionskategorie 3, *Drosophila*

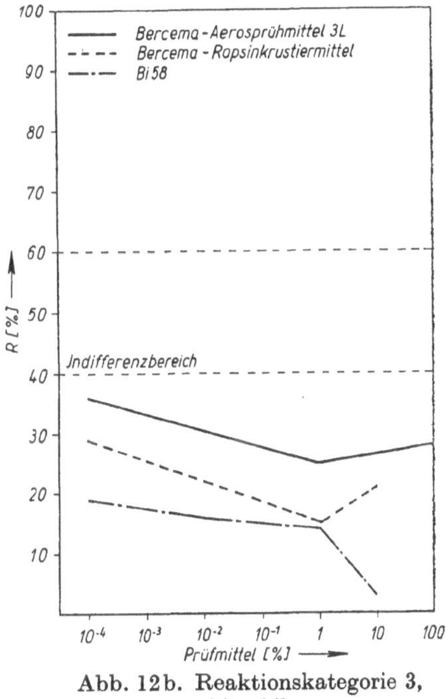

Abb. 12b. Reaktionskategorie 3, *Sitophilus*

4. Prüfmittel, die in niedrigen Konzentrationen attraktiv, in höheren repellent wirken (Abbildungen 13a und b).

Unter dem Attraktivbereich und zwischen den attraktiv und repellent wirkenden Konzentrationen kann Indifferenz beobachtet werden, je nachdem, ob die indifferenten Konzentrationen im Prüfbereich mit erfaßt sind.
Unter den geprüften Wirkstoffen werden Reaktionen dieser Kategorie gegenüber *Drosophila* nicht beobachtet. Möglicherweise erfordert der außerordentlich feine Geruchssinn von *Drosophila* niedrigere Konzentrationen dieser Chemikalien für Attraktivwirkungen. Unter den Präparaten gehören hinsichtlich ihrer Wirkung auf *Drosophila* Bercema-Ruscalin, Bercema-Spritzlindan 50, Wofatox-Spritz-

mittel, Wotexit-Spritzmittel, Fekama SN 59 und Malipur P zu dieser Kategorie. Entsprechende Wirkungen auf *Sitophilus* zeigen die Wirkstoffe Toxaphen, Pyrethrum und Piperonylbutoxyd (Synergist) sowie die Präparate Wofatox-Spritzmittel, Wotexit-Spritzmittel und Selinon.

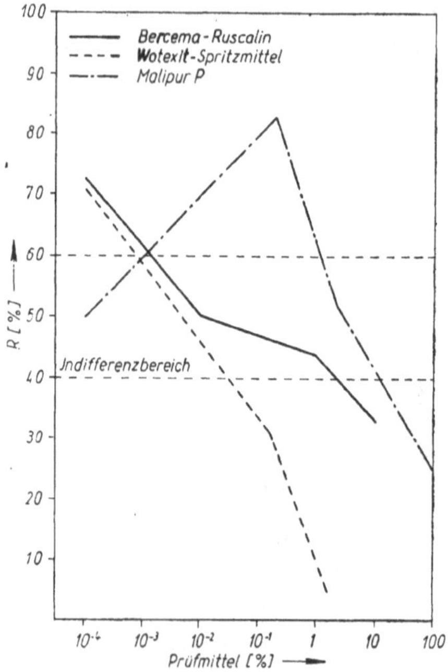

Abb. 13a. Reaktionskategorie 4, *Drosophila*

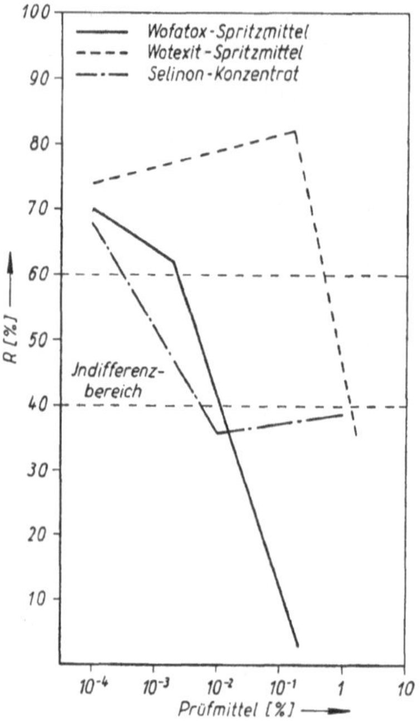

Abb. 13b. Reaktionskategorie 4, *Sitophilus*

5. Prüfmittel, die in niedrigen Konzentrationen attraktiv, in hohen indifferent wirken (Abbildung 14).

Unter den Wirkstoffen werden solche Reaktionen nur bei *Sitophilus* gegenüber Lindan und Methyldemetonmethyl beobachtet. Von den Präparaten löst ein solches Verhalten Fekama 20 bei *Sitophilus* aus.

6. Prüfmittel, die in niedrigen Konzentrationen indifferent, in hohen attraktiv wirken (Abbildung 15).

Eine solche Wirkung üben auf *Sitophilus* der Wirkstoff Chlorfenson, auf *Drosophila* das Präparat Wolfen-Thiuram 85 aus.

7. Prüfmittel, die in niedrigen Konzentrationen repellent, in höheren attraktiv wirken (Abbildungen 16a und b).

Zu dieser Kategorie zählen die Reaktionen von *Sitophilus* gegenüber den Wirkstoffen DDT (Wechsel der Reaktionen mit steigender Konzentration von stark repellent zu schwach bis mäßig repellent zu schwach bis mäßig attraktiv zu indifferent) und Carbaryl sowie den Präparaten Dimuxan spezial (0, (−), (+)), Melipax-Aerosprühmittel ((−), (−), (+), (+)), Flibol E (0, (−), (+), +), Delicia-Py-Aerosol ((−), (−), (+), 0) und Malipur P ((−), (+), 0, 0). Bei *Drosophila* wird ein entsprechender Reaktionswechsel gegenüber Hexa-Bodenstreumittel „Forst" (0, (−), 0, (+)) beobachtet.

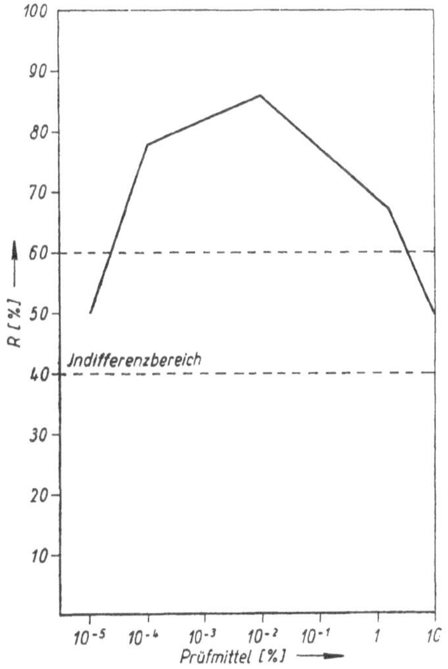

Abb. 14. Reaktionskategorie 5, *Sitophilus*/Fekama 20

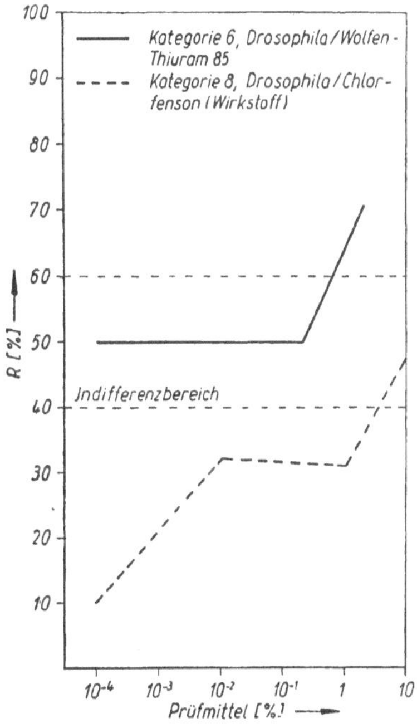

Abb. 15. Reaktionskategorien **6 und 8**

8. Prüfmittel, die in niedrigen Konzentrationen repellent, in höheren indifferent wirken (Abbildung 15).

Ein solcher Fall liegt bei der Wirkung von Chlorfenson auf *Drosophila* vor.

9. Prüfmittel, die irreguläres Verhalten hervorrufen.

Arbitex-Spritzpulver wechselt mit steigender Konzentration in seiner Wirkung auf *Sitophilus* von attraktiv zu repellent zu attraktiv. Das umgekehrte Verhältnis besteht bei der Reaktion von *Sitophilus* auf DNOC.

Die Mehrzahl der beobachteten Wirkungen läßt sich in die Kategorien 2 und 3 einordnen, woraus ersichtlich ist, daß unter den von Schädlingsbekämpfungsmitteln auf Insekten ausgehenden sinnesphysiologischen Effekten bei den angeführten Prüfkonzentrationen die Repellenz dominiert. Besondere Beachtung verdienen Mittel, die in allen Konzentrationen repellent wirken (bei den angeführten Untersuchungen in 19 Fällen), da mit größter Wahrscheinlichkeit dann auch eine Repellenz unter praktischen Bedingungen zu erwarten ist. Bei Mitteln, die nur in relativ hohen Konzentrationen repellent wirken (17 Fälle), hängt die Wirksamkeit unter praktischen Bedingungen von der Anwendungskonzentration ab.

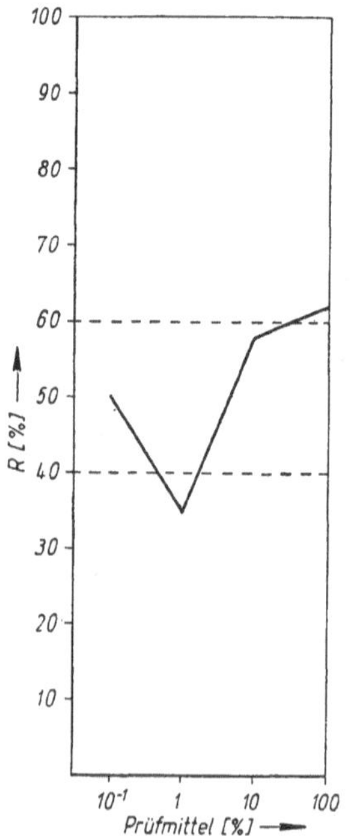

Abb. 16a. Reaktionskategorie 7, *Drosophila*/Hexa-Bodenstreumittel „Forst"

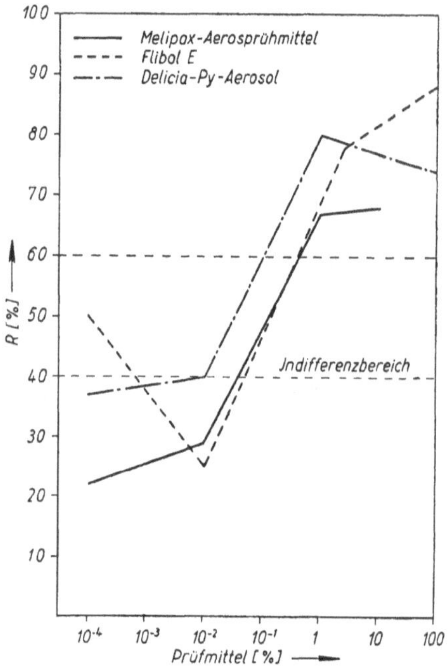

Abb. 16b. Reaktionskategorie 7, *Sitophilus*

Offenbar läßt sich die Erscheinung, daß Attraktants in höheren Konzentrationen repellent wirken, nicht insofern umkehren, daß alle Repellents in niedrigen Konzentrationen Attraktivität zeigen. So scheinen also Repellenz und Attraktanz, wenn sie auch praktisch die Kehrseiten derselben Erscheinung darstellen mögen und sogar bei der gleichen chemischen Verbindung auftreten können, in ihren Wirkungsmechanismen grundlegendere Differenzen aufzuweisen als es zunächst den Anschein hat.

Die Anzahl von 12 Beobachtungen über das Auftreten attraktiver und repellenter Wirkungen beim gleichen Mittel in Abhängigkeit von der Konzentration (Kategorie 4) zeigt, daß dieser Erscheinung beträchtliche Bedeutung beizu-

messen ist. Mit Attraktanz der Rückstände unter praktischen Bedingungen ist in diesen Fällen zu rechnen, und je nach Anwendungskonzentration kann außerdem eine anfängliche Repellentwirkung auftreten.
Die unter den Kategorien 5 und 6 angeführten Fälle sind nicht zahlreich, deuten jedoch an, daß Attraktiveigenschaften nicht immer bei höheren Konzentrationen in Repellenteigenschaften umschlagen müssen. Da jedoch in diesen 5 Fällen die für praktische Belange weniger bedeutende Konzentration 100% nicht in die Untersuchungen einbezogen ist, bleibt die Frage offen, ob es sich vielleicht nur um eine relativ hohe Lage der Umschlagsschwellen handelt.

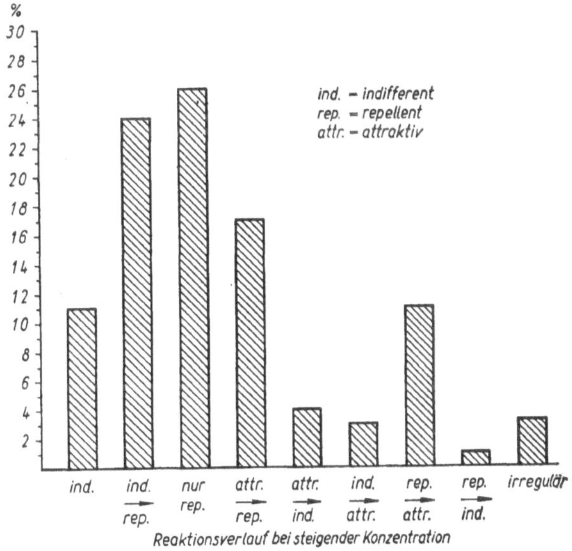

Abb. 17. Prozentualer Anteil der Reaktionskategorien von *Drosophila* und *Sitophilus* gegenüber Pflanzenschutzmitteln in verschiedenen Konzentrationen (100% = 72 Beobachtungen)

Besondere Beachtung verdienen die 8 Fälle der Kategorie 7. Über Beobachtungen, daß vom gleichen Mittel bei niedrigen Konzentrationen Repellenz, bei höheren Attraktanz ausgeht, liegen bisher keine Berichte vor. Betrachtet man jedoch die folgerichtig abgestuften Übergänge zwischen repellent und attraktiv bei den geprüften Konzentrationen, scheint es ausgeschlossen, daß irgendwelche Versuchsfehler achtfach zu solchen Erscheinungen führen. Gleichzeitig aber entbehrt die Annahme der Grundlage, daß ein derartiger Wechsel in der Wirkung eines Chemikals auf Insekten auftreten kann. Der Schlüssel zur Erklärung dieser Erscheinung scheint vielmehr darin zu liegen, daß die Prüfmittel in vielen Fällen keine einheitlichen Chemikalien, sondern Chemikaliengemische darstellen. Für diese Erklärung spricht auch die Tatsache, daß die unter Kategorie 7 fallenden Mittel überwiegend Präparate sind und auch beim DDT 76% ein hoher Prozentsatz Verunreinigungen vorliegt. Die verschiedenen Bestandteile eines Gemisches können unterschiedliche Wirkungen auf eine Insektenart haben. Nimmt man an, daß ein Repellent und ein in geringer Menge anwesendes Attraktant eines Mittels miteinander konkurrieren, so kann man sich vorstellen, daß das Attraktant mit steigender Konzentration des Mittels so stark an Wirkung zunimmt, daß schließlich die Repellentwirkung gegen die Anlockkraft nicht mehr zur Geltung kommt. Es ist ja bekannt, daß Repellents, die allein gegen ein Insekt wirksam sind, versagen können, wenn sie der Konkurrenz eines Lockstoffes, zum Beispiel der Lockwirkung des natürlichen Wirtes, ausgesetzt sind.

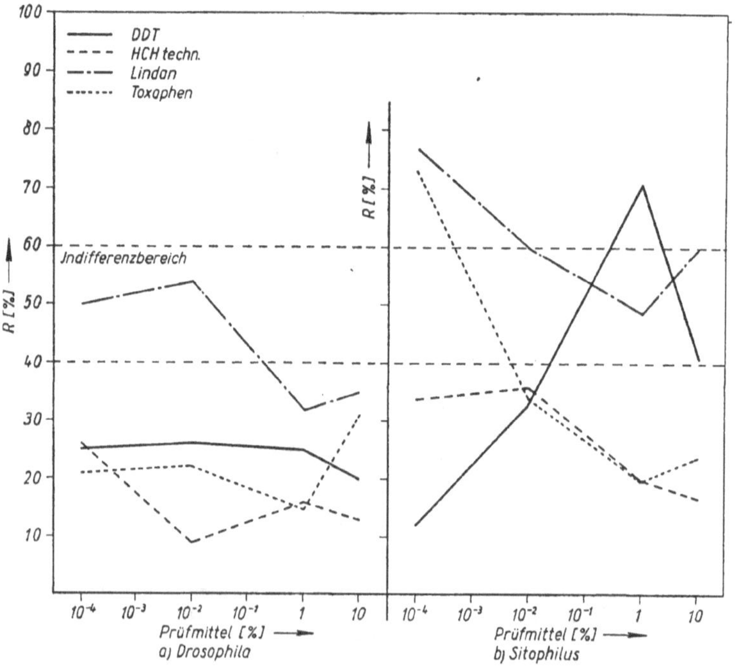

Abb. 18. Reaktionen auf Chlorkohlenwasserstoffinsektizide (Wirkstoffe)

Die unter Kategorie 8 angeführte Wirkung von Chlorfenson auf *Drosophila* kann nach dem gleichen Gesichtspunkt erklärt werden wie die Fälle unter Kategorie 7, nur daß sich hierbei Schreck- und Lockwirkung schließlich aufheben.
Die beiden unter Kategorie 9 erwähnten Fälle irregulären Verhaltens mögen auf nicht erfaßte Abweichungen im Zustand der Insekten oder derUmgebung zurückzuführen sein.
Schließlich sei noch darauf hingewiesen, daß unter 72 Beobachtungen mit 36 Prüfmitteln an 2 Insektenarten nur in 8 Fällen bei allen Prüfkonzentrationen indifferentes Verhalten auftritt. Dadurch ist die Häufigkeit gekennzeichnet, mit der bei Pflanzenschutzmitteln sinnesphysiologische Fernwirkungen auftreten können.

Abbildung 17 gibt den prozentualen Anteil der erwähnten Kategorien an der Gesamtzahl der Beobachtungen wieder. Aus den Tabellen 15 und 16 geht hervor, daß auch akarizide und fungizide Mittel sinnesphysiologische Wirkungen auf Insekten ausüben können.
Nur in wenigen Fällen (HCH techn., Trichlorphon, TMTD, Bercema-Rapsinkrustiermittel, Bi 58, Sulfex) verlaufen die Reaktionen bei den Prüfobjekten in annähernd der gleichen Weise. In solchen Fällen muß damit gerechnet werden, daß Repellentwirkung gegen ein breiteres Spektrum von Arten besteht. In anderen Fällen sind die Reaktionen zwar nicht identisch, lassen aber bei unterschied-

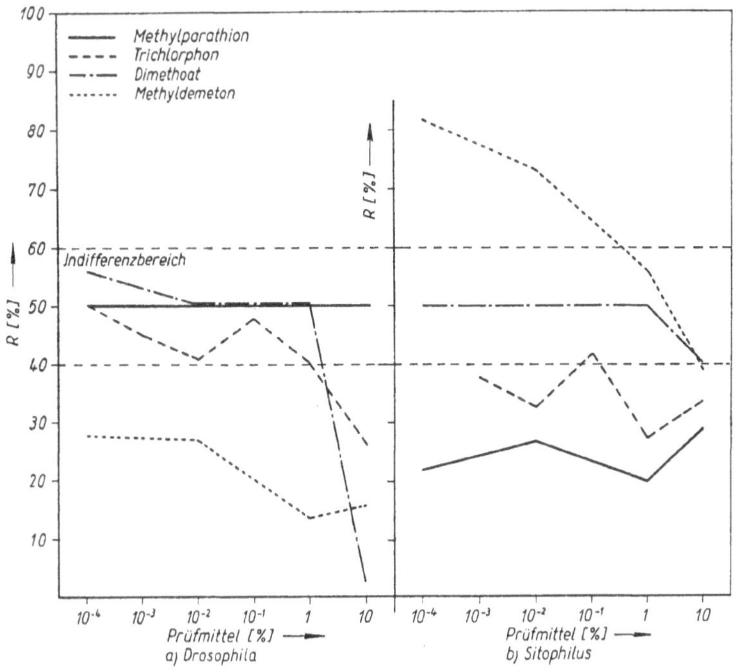

Abb. 19. Reaktionen auf organische Phosphorverbindungen (Wirkstoffe)

licher Lage der Schwellenkonzentrationen die gleiche Richtung erkennen (Bercema-Aerosprühmittel, Wofatox-Spritzmittel, Wotexit-Spritzmittel, Tinox 50, Bercema-Spritzpulver NMC 50). Auch bei diesen Mitteln ist, da die geprüften Arten recht unterschiedliche Lebensgewohnheiten besitzen, mit einer Wirkung gegen andere Arten zu rechnen. Diese Schlüsse sind hinsichtlich der Repellentwirkungen wohl zuverlässiger als hinsichtlich der Attraktivwirkungen, da letztere meist spezifischer sind. In keinem Fall aber sind sie absolut, da von 2 Arten jede eine abweichende Reaktion zeigen kann, wie aus den Wirkungen von Lindan, Methylparathion, Methyldemetonmethyl, Pyrethrum, Piperonylbutoxyd, Chlorfenson und verschiedenen Präparaten zu ersehen ist. In den Abbildungen

18 bis 21 sind die Reaktionen von *Drosophila* und *Sitophilus* gegenüber Wirkstoffen veranschaulicht. Daraus ist zu entnehmen, daß nicht nur die Intensität der Reaktion, sondern auch der Reaktionstyp (Einordnung in eine der genannten Kategorien) hinsichtlich eines Prüfmittels für beide Arten sehr unterschiedlich sein kann.

Ein Vergleich der Reaktionen von *Drosophila* zu den verschiedenen Wirkstoffen zeigt, daß Prüfmittel mit bei steigenden Konzentrationen etwa gleichbleibend starker Repellenz von solchen mit einem jähen Repellenzanstieg im Verlaufe der Prüfkonzentrationen unterschieden werden können (eine Ausnahme bildet Chlor-

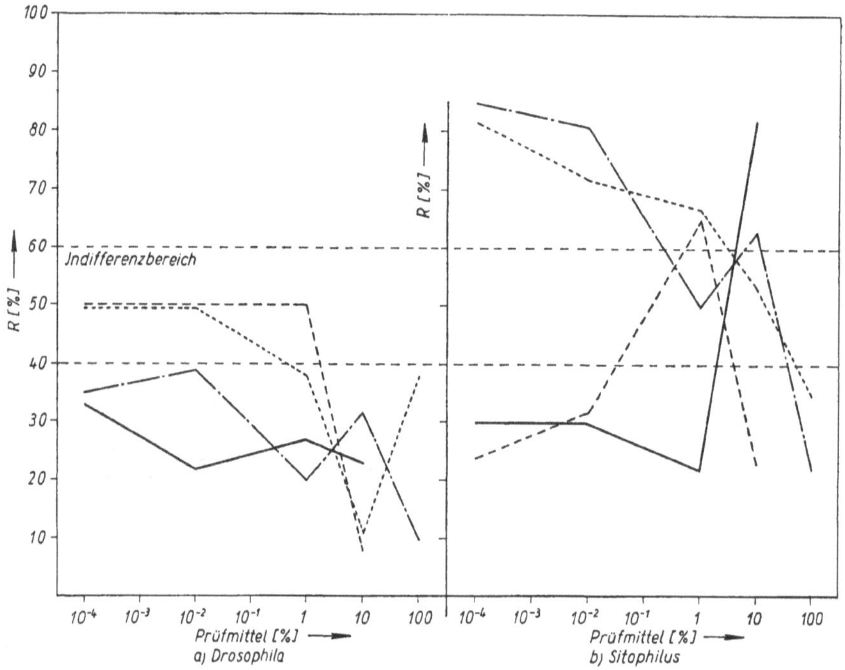

Abb. 20. Reaktionen auf Carbaryl (————), DNOC (– – – –), Pyrethrum (— · — · —) und Piperonylbutoxyd (········)

fenson mit abnehmender Repellenz). Mittel mit gleichbleibender und solche mit in niedrigen Konzentrationen vorhandener Repellenz sind für praktische Belange von besonderer Bedeutung. Sie treten in größter Anzahl und stärkster Repellenz unter den Chlorkohlenwasserstoffen auf. Die schwächere Repellenz von Lindan stimmt mit Literaturangaben überein (siehe unter 3.1.), nach denen nicht das Gamma-Isomer, sondern andere Bestandteile für die Repellenz verantwortlich sein sollen. Wirkstoffe mit steilem Übergang von der Indifferenz zur Repellenz bei hohen Konzentrationen sind hauptsächlich Dimethoat, DNOC und Piperonylbutoxyd.

In den Reaktionen von *Sitophilus* treten wiederholt Attraktivwirkungen in Erscheinung, so bei 3 Chlorkohlenwasserstoffen (DDT, Lindan, Toxaphen), einer organischen Phosphorverbindung (Methyldemetonmethyl), Carbaryl, DNOC, Pyrethrum, Piperonylbutoxyd und Chlorfenson. Bei Reaktionsverläufen mit ausschließlicher Repellenz handelt es sich um solche mit relativ gleichbleibender Repellenz. Der Typ mit steilem Übergang von der Indifferenz zur Repellenz bei *Drosophila* entspricht offenbar dem Typ des Übergangs von der Attraktivität

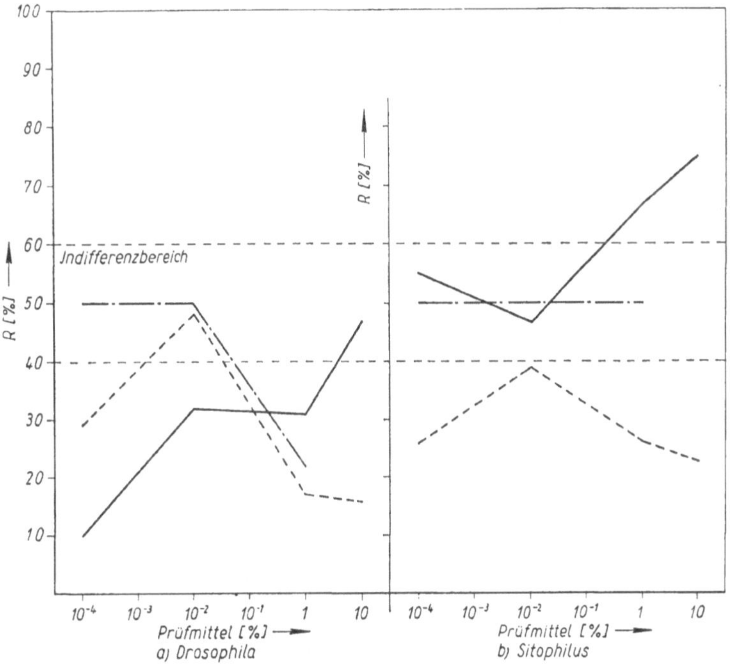

Abb. 21. Reaktionen auf Chlorfenson (————), TMTD (-----) und Phaltan (—·—·—)

zur Repellenz bei *Sitophilus*. Für die unterschiedliche Lage der Kurven ist offenbar eine unterschiedliche Lage der Reaktionsschwellen beider Arten mit verantwortlich.

Die vergleichende Betrachtung der Reaktionen auf die Präparate und die in ihnen enthaltenden Wirkstoffe führt zu folgenden Ergebnissen:

DDT

Die Reaktionen von *Drosophila* und *Sitophilus* gegenüber DDT und Fekama 20 lassen jeweils Gleichsinnigkeit erkennen. Die Repellenz von DDT auf *Drosophila* tritt beim Präparat erst in höheren Konzentrationen in Erscheinung. Hinsichtlich der Reaktion von *Sitophilus* besteht Übereinstimmung im Übergang von der Attraktanz zur Indifferenz bei höheren Konzentrationen. Die Repellenz des DDT bei niedrigen Konzentrationen tritt im Präparat nicht in Erscheinung, woraus in Übereinstimmung mit den oben getroffenen Überlegungen über die Wirkung von Stoffgemischen geschlußfolgert werden kann, daß sie möglicherweise in geringerer Menge vorhandenen Verunreinigungen des DDT zuzuschreiben ist.

HCH techn.

Die Repellenz des Wirkstoffes auf beide Arten tritt im Präparat Hexa-Bodenstreumittel „Forst" kaum in Erscheinung. Entweder wird die Repellenz durch Attraktivstoffe maskiert, was bei *Drosophila* angenommen werden kann, oder der Gebrauch in einer Sandmischung verhindert eine ausreichende Aufnahme des Präparates durch den darüberziehenden Luftstrom.

Lindan

Die bei höheren Konzentrationen auftretende Repellenz von Lindan gegenüber *Drosophila* kehrt in den höheren Konzentrationen der Präparate Bercema-Ruscalin, Bercema-Spritzlindan 50, Arbitex-Spritzpulver und Bercema-Rapsinkrustiermittel wieder. Bei letzterem zeigt die Repellenz auch in niedrigen Konzentrationen, daß im Präparat ein zusätzlicher Repellentfaktor hinzukommt. Die Attraktiv-Wirkung niedriger Lindan-Konzentrationen auf *Sitophilus* ist nur im Arbitex-Spritzpulver zu erkennen. Die übrigen Präparate zeigen entweder Indifferenz oder Repellenz, so daß ein den Präparaten zugehöriger Repellentfaktor vermutet werden muß.

DDT + Lindan

In den Präparaten Dimuxan und Bercema-Aerosprühmittel 3 L verstärken sich die Repellentwirkungen von DDT und Lindan auf *Drosophila* offenbar gegenseitig, da die Präparate bereits in niedrigen Konzentrationen Repellenz zeigen. Die Repellenz von Bercema-Aerosprühmittel 3 L gegen *Sitophilus* ist vermutlich einer Präparat-Beimischung zuzuschreiben, während die Reaktionen gegenüber Dimuxan den DDT-Reaktionen entsprechen.

Toxaphen

Die Repellenz von Toxaphen ist offenbar für die Repellenz von Melipax-Aerosprühmittel gegenüber *Drosophila* verantwortlich. Hinsichtlich *Sitophilus* zeigt sie sich im Präparat ebenfalls, doch tritt ein konkurrierender Attraktivfaktor hinzu.

Methylparathion

Der Wechsel von Attraktiv- und Repellentwirkungen des Wofatox-Spritzmittels gegenüber *Drosophila* ist, da gegen Methylparathion Indifferenz besteht, einwandfrei Insektizidbeimischungen zuzuschreiben. Die durch Methylparathion bei *Sitophilus* ausgelöste Repellenz tritt im Präparat in abgeschwächter Form n Erscheinung (Attraktanz in niedrigen Konzentrationen, Repellenz in höheren).

Trichlorphon

Trichlorphon wirkt auf beide Arten in höheren Konzentrationen repellent. Bei dem Präparat Wotexitspritzmittel tritt diese Repellenz in höheren Konzentrationen ebenfalls in Erscheinung, während in niedrigen Konzentrationen offenbar die gleichen Stoffe Attraktanz verursachen. Im Präparat Flibol E wird dagegen die Repellenz durch ein Attraktant der Beimischungen neutralisiert.

Dimethoat

Der Wirkstoff zeigt nur gegenüber *Drosophila* und nur in der höchsten Prüfkonzentration Repellenz. Die starke Repellentwirkung des Bi 58 auf beide Arten ist offensichtlich den in der Formulierung enthaltenen Beimischungen zuzuschreiben.

Methyldemetonmethyl

Die Repellenz von Tinox 50 gegenüber *Drosophila* beruht auf den Eigenschaften des Wirkstoffes. Die ausgeprägtere Repellenz von Tinox auf *Sitophilus* muß jedoch durch Beimischungen bedingt sein, die den Attraktiveffekt niedriger Konzentrationen des Wirkstoffes überdecken.

Carbaryl

Die Repellenz des Wirkstoffes auf beide Arten tritt im Präparat Bercema-Spritzpulver NMC 50 in Erscheinung. Der Ausfall der Attraktivreaktion auf Carbaryl in hoher Konzentration bei *Sitophilus* gegenüber dem Präparat kann auf die Konzentrationsminderung des Wirkstoffes im Präparat zurückgeführt werden, was mit der oben erwähnten Annahme übereinstimmt, daß Attraktanz bei höheren Mittelkonzentrationen auf einer Überdeckung des Repellentfaktors beruht.

DNOC

Sowohl beim Wirkstoff als auch gegenüber dem Präparat treten Repellentreaktionen auf.

Pyrethrum und Piperonylbutoxyd

Die Repellenz von Pyrethrum und Piperonylbutoxyd auf *Drosophila* ist für die gleiche Erscheinung hinsichtlich des Präparates Delicia-Py-Aerosol verantwortlich. Im Falle von *Sitophilus* werden die Attraktivreaktionen bei niedrigen Konzentrationen und die Repellenz gegenüber hohen Konzentrationen von Pyrethrum und Piperonylbutoxyd im Präparat offenbar durch andere Faktoren überdeckt und abgeändert.

Chlorfenson

Zur Repellentwirkung des Wirkstoffes auf *Drosophila* kommt im Präparat Fekama SN 59 offenbar ein weiterer Faktor mit sinnesphysiologischer Wirkung hinzu. Die Attraktanz des Wirkstoffes gegenüber *Sitophilus* geht im Präparat verloren.

TMTD

Die Repellenz des Wirkstoffes in hohen Konzentrationen gegen beide Arten tritt in den Prüfkonzentrationen des Präparates Wolfen-Thiuram 85 nicht in Erscheinung. 3%iges Wolfen-Thiuram wirkt sogar attraktiv auf *Drosophila*.

Phaltan

Die am Wirkstoff beobachtete Repellenz gegenüber *Drosophila* kann für Attraktanz und Repellenz des Präparates Malipur P verantwortlich betrachtet werden. Im Falle von *Sitophilus* rufen Beimischungen von Malipur Reaktionen hervor, die vom Wirkstoff nicht ausgehen.

Die vorangegangenen Betrachtungen über die Rolle der Reaktionen auf den Wirkstoff beim Verhalten gegenüber dem Präparat kennzeichnen die ganze Kompliziertheit des Problems. Es gibt Fälle, in denen die vom Wirkstoff induzierte Reaktion offensichtlich im Präparat in Erscheinung tritt (*Drosophila*: DDT — Fekama 20, Lindan — geprüfte Lindan-Präparate, Toxaphen — Melipax-Aerosprühmittel u. a.; *Sitophilus*: Trichlorphon — Wotexit-Spritzmittel, Carbaryl — Bercema-Spritzpulver NMC 50 u.a.). Dabei kann durch Verdünnung des Wirkstoffes im Präparat die Repellenz bei niedrigen Konzentrationen verloren gehen oder durch Attraktanz ersetzt werden.
In anderen Fällen treten im Verhalten gegenüber dem Präparat Reaktionen auf, die gegenüber dem Wirkstoff fehlen und offensichtlich an Beimischungen gebunden sind. So sind zum Beispiel die Repellentwirkungen von Bi 58 auf beide Arten und von Tinox 50 auf *Sitophilus* sowie der Wechsel von Attraktanz zu Repellenz im Verhalten von *Drosophila* gegenüber Wofatox-Spritzmittel Beimischungen zuzuschreiben.
Am kompliziertesten liegen die Relationen, wenn im Präparat und vielleicht zusätzlich im Wirkstoff (wenn dieser Verunreinigungen oder mehrere wirksame Komponenten enthält) mehrere Faktoren eine sinnesphysiologische Wirkung auf die Insekten ausüben. Dann kann es zu Überlagerungen, Maskierungen und Neutralisierungen der Wirkungen kommen. Will man in solch einem Fall die sinnesphysiologische Wirkung eines Präparates abändern, wozu die Kenntnis der wirksamen Faktoren erforderlich ist, müssen seine Einzelbestandteile getrennt geprüft werden. Die Situation bei Präparaten mit komplexen Wirkungen wird dadurch zusätzlich kompliziert, daß je nach den Umweltbedingungen und dem

Zustand der Insekten der eine oder andere Faktor dominieren mag und die Reaktion entscheidend beeinflußt.

Einzelbeobachtungen an anderen Arten zeigen folgende Ergebnisse:

Apis mellifica L.

Hinsichtlich der Brauchbarkeit des DNOC zur Ausdünnung der Obstbaumblüte besteht Interesse, seine Wirkung auf Bienen zu kennen. Um die Brauchbarkeit der Y-Rohrmethode für Bienen zu überprüfen, erfolgte zuvor die Testung eines bekannten Bienenrepellents, des Naphthalins. Sowohl Naphthalinkristalle ($R = 25\%$) als auch eine gesättigte wäßrige Lösung ($R = 11\%$) rufen Repellentreaktionen hervor. Von DNOC wurde eine gesättigte wäßrige Lösung hergestellt (entsprechend der Löslichkeit enthält sie nur einen geringen Prozentsatz) und in Zehnerpotenzen verdünnt. Die R-Werte betragen für die gesättigte Lösung 15%, für die 1:10 verdünnte Lösung 38%, für das ungelöste DNOC-Pulver 35%. Einer 1:100 verdünnten Lösung gegenüber verhalten sich die Bienen indifferent. In höheren Konzentrationen liegt also Repellenz von DNOC auf Honigbienen vor.

Plodia interpunctella (Hbn.)

Aus den Beobachtungen über die Reaktionen der Dörrobstmotten gegenüber verschiedenen Konzentrationen einiger Wirkstoffe ergeben sich folgende Resultate:

Lindan wirkt in Konzentrationen von $10^{-4}\%$ und $10^{-2}\%$ indifferent auf Männchen und Weibchen, zu 1% und 10% attraktiv. Auf verpuppungsreife Raupen geht keine Attraktivität von 10%igem Lindan aus. Auch HCH techn. scheint bei der Konzentration 1% eine Attraktivwirkung auf *Plodia* auszuüben. Toxaphen wirkt in den Prüfkonzentrationen 1% und 10% indifferent auf beide Geschlechter. Methylparathion hat ebenfalls keine Wirkung (Prüfkonzentrationen 10^{-4}, 10^{-2} und 1%). Trichlorphon induziert bei 1% Repellenz, während bei $10^{-2}\%$ Indifferenz zu beobachten ist. Auf die Larven ist 10%iges Trichlorphon ohne Wirkung. Gegenüber Dimethoat in der Konzentration 1% verhalten sich beide Geschlechter indifferent, während bei 10% Repellenz auftritt. Carbaryl wirkt zu 1% attraktiv, zu 10% indifferent auf beide Geschlechter. TMTD ist zu 1% ohne Wirkung, zu 10% zeigt es Repellenz gegen beide Geschlechter. Das für *Drosophila* und *Sitophilus* stark repellente Präparat Bi 58 (Dimethoat) zeigt bei $10^{-2}\%$ keine Repellenz gegen die Motten, dagegen starke Repellenz gegen die verpuppungsreifen Larven.

Einige Untersuchungen mit 1%igem und 10%igem HCH techn. zeigen, daß in den genannten Konzentrationen Repellenz gegen *Exolygus rugulipennis*(Poppius) und *Sitona humeralis* Steph. auftritt, während bei *Apion pisi* F. keine Wirkung zu beobachten ist.

3.3. Schlußfolgerungen

Betrachtet man die aus der Literatur bekannten Fälle sinnesphysiologischer Wirkungen von Pflanzenschutzmitteln auf Insekten (vorwiegend Schädlinge), so betrifft die überwiegende Anzahl der Beobachtungen Chlorkohlenwasserstoffinsektizide und unter diesen hauptsächlich DDT, nach diesem HCH. Die zweite Stelle nehmen die organischen Phosphorverbindungen ein, unter denen nur über Parathion gehäufte Beobachtungen vorliegen. Daraus könnte der Eindruck entstehen, daß sich die Wirkungen auf diese Mittel konzentrieren. Es scheint aber vielmehr, daß die weitverbreitete Anwendung dieser Wirkstoffe und die Tatsache, daß man den Rückstandsinsektiziden wie DDT besondere Aufmerksamkeit widmete, nicht unerheblich zur Herausbildung dieses Eindruckes beitragen. Die in Abschnitt 3.2. dargelegten Untersuchungen zeigen, daß nur ein geringer Prozentsatz der Prüfmittel, unabhängig von deren Zugehörigkeit zu einer der chemischen Gruppen, keine sinnesphysiologischen Reaktionen induziert. Wie aus unseren Beobachtungen und einer relativ geringen Anzahl von Literaturangaben hervorgeht, sind Akarizide und Fungizide vermutlich in dieser Hinsicht gleichberechtigt neben die Insektizide zu stellen. Über Herbizide liegen bisher keine diesbezüglichen Beobachtungen vor. Die gleichberechtigte Stellung nichtinsektizider Mittel steht auch damit im Einklang, daß Toxizität und Repellenz beziehungsweise Attraktanz keine sich gegenseitig bedingenden Eigenschaften sind.
Aus den in der Literatur angeführten Beobachtungen kann weiterhin der Eindruck entstehen, daß das Auftreten von Attraktivreaktionen eine bevorzugte Eigenschaft der Phosphorpräparate ist. Möglicherweise hat dieser Eindruck eine gewisse Berechtigung, es muß jedoch in Betracht gezogen werden, daß Phosphorverbindungen meist bei sehr niedrigen Konzentrationen zur Anwendung gelangen, wodurch die Beobachtung von Attraktiveffekten begünstigt wird. Unsere Untersuchungen zeigen, daß Attraktanz ebenso in anderen Wirkstoffgruppen auftreten kann.
Die weitaus größte Anzahl bisheriger Beobachtungen betrifft Repellenz-Erscheinungen. Hierfür scheint die Tatsache, daß sehr niedrigen Konzentrationen häufig weniger Beachtung geschenkt wird, keine so bedeutende Rolle zu spielen. Unsere Untersuchungen zeigen vielmehr, daß der Prozentsatz repellenter Reaktionen den attraktiver weit übersteigt. Hier besteht offenbar ein Zusammenhang damit, daß Repellentreaktionen weit weniger spezifisch zu sein scheinen als Attraktivreaktionen. Im allgemeinen erweist es sich viel schwieriger, auf empirischem Wege ein Insektenattraktant zu finden als ein Repellent.

Es fehlt bisher an Versuchen, das Problem der sinnesphysiologischen Wirkung von Pflanzenschutzmitteln komplex zu betrachten. Die Wirkungsmechanismen der Attraktanz und Repellenz sind bis heute noch weitgehend ungeklärt. Unsere Untersuchungen werfen Licht auf die Kompliziertheit der insbesondere mit Konzentrationsänderungen, Lage der Schwellenkonzentrationen und dem Zusammenwirken mehrerer Faktoren verbundenen Vorgänge. Trotz mancher

Abweichungen läßt sich jedoch wohl ein Grundschema des Reaktionsverlaufes bei einem einheitlichen Chemikal aufstellen, das eine Kurve beinhaltet, die mit steigender Konzentration, aus der Richtung des Attraktanzbereiches kommend, in Richtung zum Repellenzbereich absteigt. Ob diese Kurve nur im Attraktanzbereich oder nur im Bereich der Repellenz verläuft oder auch die Indifferenzgrenze überschreitet, kann vom Charakter der Reaktion an sich (vermutlich in Abhängigkeit von chemischen Strukturen) oder von der Lage der Schwellenkonzentrationen des Prüfobjektes und in Verbindung damit vom im Test erfaßten Konzentrationsbereich abhängen. Unsere vergleichenden Untersuchungen mit Präparaten und den in ihnen enthaltenen Wirkstoffen bestätigen die auch aus einer Reihe in der Literatur erwähnter Beobachtungen hervorgehende Bedeutung der Präparatbeimischungen für die sinnesphysiologische Wirksamkeit auf Insekten. In dieser Erkenntnis liegt eine wertvolle Möglichkeit, unerwünschte sinnesphysiologische Nebenwirkungen des Präparates abzuändern.

Der Umfang der bisher vorliegenden Beobachtungen über Attraktiv- und Repellenteffekte bei Pflanzenschutzmitteln rechtfertigt die Forderung nach systematischer Überprüfung aller zum Einsatz gelangenden Mittel. Als Labormethode zur Prüfung der Wirkungen in der Dampfphase ist die Verwendung eines Y-Rohr-Olfaktometers in der beschriebenen Ausführung zu empfehlen. Dabei ist den Konzentrationsrelationen zwischen Olfaktometerwirkung und Freiraumwirkung Aufmerksamkeit zu schenken. Für praktische Belange besitzt die Überprüfung niedriger Konzentrationen (unter 1%) die größere Bedeutung. Die Kenntnis sinnesphysiologischer Nebenwirkungen bei Pflanzenschutzmitteln wird dazu beitragen, Fehlschläge bei Bekämpfungsaktionen zu vermeiden und die Wirksamkeit der Verfahren zu verbessern.

4. Die Bedeutung sinnesphysiologischer Effekte bei Pflanzenschutzmitteln sowie Wert und Perspektive der Anwendung chemischer Attraktants und Repellents in Pflanzenschutz und Schädlingsbekämpfung

Die durch Anwendung von Pflanzenschutzmitteln künstlich veränderten Umweltbedingungen können zur Abwandlung der Orientierungsabläufe potentiell aller im Wirkungsbereich der Mittel lebenden Insekten führen. Die Nichtbeachtung der vom toxischen Effekt der Präparate unabhängigen sinnesphysiologischen Wirkung kann die Ursache dafür sein, daß Bekämpfungsaktionen trotz größter Sorgfalt mitunter fehlschlagen. Bereits bei der Übertragung der im Toxizitäts-Labor-Versuch gewonnenen Resultate auf Feldbedingungen sind durch Nichtbeachtung sinnesphysiologischer Effekte erhebliche Fehleinschätzungen zu erwarten. Liegt Repellenz eines Mittels vor, so kommt der im Laborversuch erzielte Mortalitätsgrad unter natürlichen Bedingungen nicht zur Geltung, da die Ausweichmöglichkeiten im Feld größer sind als im Testbehälter des Labors.

Attraktiv- und Repellenteffekte treten sowohl bei der Anwendungskonzentration eines Pflanzenschutzmittels als auch gleichzeitig oder nur von den Rückständen ausgehend auf. Untersuchungen mit Systox, Disyston und dem Carbamat Bayer 39007 zeigen, daß Attraktanz und Repellenz den Pflanzen auch systemisch induziert werden können (Steudel 1960; Matteson et al. 1963). Je nach der Wirksamkeit des betreffenden Mittels kann eine Initialrepellenz mehr oder weniger lange anhalten und mit dem Abbau der Rückstände allmählich verschwinden. Initialattraktanz ist meist nur bei niedrigen Anwendungskonzentrationen zu erwarten; sie kann je nach Lage der Schwellenkonzentrationen beim betreffenden Insekt mit dem Abbau der Rückstände abnehmen, anderenfalls aber auch zunächst eine Zunahme und mit weiter sinkender Konzentration dann Abnahme zeigen. Am verhängnisvollsten sind die Fälle, in denen Initialrepellenz bei abnehmender Rückstandsmenge in Attraktanz übergeht.

Initialrepellenz kann, wenn sie die Aufnahme einer letalen Dosis durch das Insekt verhindert, den Bekämpfungserfolg in Frage stellen. Zum Beispiel erweist sich die Anwendung von Gamma-HCH gegen die Ameise *Pogomomyrmex barbatus molefaciens* (Buck.) erfolglos, da die Tiere fliehen, bevor sie Schaden erleiden (Brett and Rhoades 1946). Auch der fehlende Schutz lindan- oder HCH-behandelten Saatgutes gegen Drahtwürmer wird mit Repellenteigenschaften in Zusammenhang gebracht (Lilly 1953; 1958). Handelt es sich jedoch um eine Kontaktrepellenz oder irritierende Wirkung, die Aufnahme einer letalen Dosis zuläßt, kann dadurch eine zusätzliche Befallsminderung erzielt werden. Diese Form wird zum Beispiel bei der Bekämpfung von Stechmücken in Gebäuden als vorteilhaft betrachtet. Im Pflanzenschutz kann bei langwirkenden Insektiziden der Wiederbefall hinausgezögert werden. In manchen Fällen ist die Repellenz der maßgebende Faktor der Bekämpfung, wie die Wirkung einiger Insektizide im Holz- und Vorratsschutz zeigt. Die Kombination insektizider und repellenter Eigenschaften entspricht auch den Anforderungen an ein ideales Larvizid gegen *Lucilia sericata* (Meigen). Durch die Wundbehandlung sollen die Larven nicht nur getötet, sondern die Wunde soll gleichzeitig von ihnen gesäubert werden; dem Bekämpfungsmittel müssen strenge Repellenz und verzögerte Toxizität eigen sein (Loeffler and Hoskins 1946). Repellenteigenschaften von Insektiziden bieten, wenn sie sich auf Bienen auswirken, weitere Vorteile, da die Anwendung auf blühende Kulturen ermöglicht wird. Beim Gebrauch von Insektizidködern, sei es in der Form ausgelegter fester Köder oder Giftködersprühungen, verliert der Köder seine Wirksamkeit ganz oder teilweise, wenn das verwendete Insektizid Repellenteigenschaften besitzt. Das gilt auch bei Anwendung von Insektiziden in Köderfallen zur Abtötung gefangener Insekten oder zur Verhinderung ihres Wegtragens durch Ameisen. Zum Beispiel reduzieren DDT und Malathion die Köderfänge von *Ceratitis capitata* Wied. (Steiner et al. 1957). Isodrin vermindert die Attraktivität von Ködern für *Blatella germanica* (L.) (Husain and Fisk 1955).

Da die sinnesphysiologische Wirkung eines Präparates nicht nur den zu bekämpfenden Schädling, sondern potentiell alle Insekten der Umgebung betrifft, müssen Nutzinsekten ebenfalls in diese Betrachtung einbezogen werden. Sind die darüber vorliegenden Beobachtungen auch nicht zahlreich, so umreißen sie doch die Bedeutung des Problems. Insektizide können zum Beispiel repellent auf *Metaphycus helvolus* (Compere) (*Encyrtidae*), einen Parasit von *Saissetia oleae* (Bern), wirken (FLANDERS 1942). Der Wert der Abschreckung von Nutzinsekten muß unter zwei Gesichtspunkten betrachtet werden. Einmal bedeutet die Repellenz eines Insektizides gegen nützliche Insekten einen Schritt vorwärts zur selektiveren Bekämpfung unter Schonung der Nützlinge. Zum anderen aber werden die Nützlingsweibchen von der Wirtsfindung bzw. Feindinsekten vom Schädlingsraub abgehalten, wodurch die biologische Unterstützung der Bekämpfung verloren gehen kann. Es wird von den Umständen abhängen, welcher der beiden Gesichtspunkte in den Vordergrund tritt.

Der Idealfall einer Bekämpfungsaktion liegt vor, wenn das Bekämpfungsmittel bei Anwendungskonzentrationen attraktiv auf den Schädling wirkt und ihn zugleich abtötet. So spielt zum Beispiel die Lockwirkung von Parathion-Präparaten auf *Hylastes cunicularius* Er. und *Hylobius abietis* L. bei der Anwendung begifteter Fangrinden oder- knüppel eine bedeutende Rolle (MITSCHERLICH und RAUSCH 1950 u.a.). Bei Verwendung von Insektiziden in Köderfallen muß deren mögliche Attraktivität in Rechnung gezogen werden, um den Lockwert des Köders richtig einzuschätzen. Beispielsweise erhöht die Zugabe von 0,02%igem Parathion zu Köderfallen deren Attraktivität für *Hippelatus collusor* (Townsend) und *Milichielka*-Arten (MULLA et al. 1960).

Nachteilig wirken sich dagegen Attraktiveigenschaften von Insektiziden aus, wenn sie an nichttoxische Konzentrationen gebunden sind und so entweder zu einem verstärkten Wiederbefall der behandelten Kultur führen oder Schädlinge anlocken, die nicht Ziel der Bekämpfungsaktion sind. Der sogenannte Interplot-Effekt (Einwanderung von Insekten in DDT-gesprühte Felder), zum Beispiel beobachtet bei *Heliothis obsoleta* F. (PEARSON 1954) und *Empoasca lybica* de Berg (JOYCE 1956), kann zumindest teilweise durch Attraktanz erklärt werden. Bei Attraktivität toxischer Konzentrationen auf Nutzinsekten einschließlich Bienen ist erheblicher Schaden zu erwarten. Locken dagegen nichttoxische Konzentrationen Feinde und Parasiten der Schädlinge an, so ist dieser Effekt als wertvolle Unterstützung der Bekämpfungsaktion zu betrachten. Der Interplot-Effekt kann zum Beispiel am Marienkäfer *Rodolia* (*Vadalia*) *cardinalis* Muls., einem Feind der Wollschildlaus *Icerya purchasi* Mask., in *Citrus*-Bäumen beobachtet werden (DEBACH and BARTLETT 1951).

Tritt nun bei Anwendungskonzentration eines Präparates Repellenz gegen den Schädling, bei den Rückständen dagegen Attraktanz auf, kann der Mißerfolg der Aktion vollkommen sein. Gleichzeitig muß berücksichtigt werden, daß die sinnesphysiologische Wirkung des Mittels mehrere Insekten-Arten zugleich betreffen kann und jede davon den Reiz möglicherweise verschieden beantwortet. So entsteht ein kompliziertes Gefüge, in dem mitunter nur ein Faktor dominierend und von praktischer Bedeutung sein kann, anderenfalls aber auch mehrere Faktoren Beachtung verdienen. Auf jeden Fall aber sollten die bisherigen Beobachtungen und die daraus ableitbaren Schlußfolgerungen Ursache dafür sein, dem Problem der sinnesphysiologischen Wirkungen von Schädlingsbekämpfungsmitteln verstärkte Aufmerksamkeit zu widmen, die Klärung seiner Grundprobleme herbeizuführen und praktische Maßnahmen mit dem Auftreten solcher Effekte in Einklang zu bringen.

Es wäre verfehlt, sollten wir uns dem Problem der Attraktanz und Repellenz bei Schädlingsbekämpfungsmitteln passiv gegenüber sehen, lediglich darauf beschränkt, anlockende und abschreckende Eigenschaften zu berücksichtigen. Die Tatsachen, daß verschiedene Wirkstoffe auf die gleiche Insektenart unterschiedliche sinnesphysiologische Wirkungen ausüben und die zur Formulierung des Präparates verwendeten Beimischungen wesentlich an der Auslösung der Reaktionen beteiligt sind, eröffnen die Perspektive, aktiv das Auftreten solcher Eigenschaften zu lenken. Durch Zufügen von Attraktants oder Repellents können unerwünschte Wirkungen ausgeglichen, gewünschte erzeugt werden. In diesem Zusammenhang soll das Problem des Anwendungswertes von Attraktants und Repellents erörtert werden.

Es ist bekannt, daß radikale chemische Bekämpfungsmaßnahmen zu schwerwiegenden Biozönosestörungen führen können. Die toxische Wirkung betrifft häufig nicht nur den zu bekämpfenden Schädling, sondern auch Feinde und Parasiten der Schadinsekten, wodurch regulierende Faktoren aus der Lebensgemeinschaft ausgestoßen werden. Dadurch können vorher weniger bedeutende Arten einen unerwarteten Populationsaufschwung erfahren und zu beachtenswerten Schädlingen werden. Ein Beispiel dafür sind die Minierer der Kakaofruchtwandung der Gattung *Marmara* (*Gracillariidae*, Lepidopt.), die durch die Routinebekämpfung der Kakaorindenwanzen und der mit den virusübertragenden Schmierläusen assoziierten Ameisen durch Dieldrin und Gamma-HCH als Schädlinge wesentlich an Bedeutung zunehmen (Johnson and Entwistle 1959; Entwistle 1961). Der Gebrauch von Attraktants und Repellents, sei es allein oder in Kombination mit Pestiziden, eröffnet den Weg zu einer selektiveren biozönoseschonenden Bekämpfung.

Das Problem der Insektizidresistenz gewinnt heute immer mehr an Bedeutung. Nach Brown (1961) sind von 137 Arten, die Resistenz entwickelten, 65 landwirtschaftliche Schädlinge und 72 von medizinischer Bedeutung. Die Anwendung von Attraktants und Repellents bietet eine Möglichkeit, einen Ausweg aus dieser Situation zu finden.

Der kombinierte Gebrauch von Giften und Lockmitteln (bzw. Giften mit Attraktiveigenschaften) erhöht nicht nur die Effektivität der Mittel, sondern stellt gleichzeitig eine Möglichkeit zur räumlichen Konzentration der Mittelwirkung und somit zur Verringerung der für Mensch und Vieh toxischen Rückstände sowie phytotoxischer Wirkungen dar. Außerdem bietet er wesentliche ökonomische Vorteile hinsichtlich der Einsparung an Material, Zeit und Arbeitskraft. In der großräumigen Bekämpfungsaktion gegen *Ceratitis capitata* Wied. in den Jahren 1956/57 in Florida war der Arbeitsaufwand durch den ausgedehnten Gebrauch von Köderfallen (mit synthetischen Fruchtfliegenködern) und Giftködersprühungen (Proteinhydrolysat und Malathion) um 85% geringer als bei der Bekämpfungsaktion in den Jahren 1929/30 (Steiner et al. 1961). Köder-

fallen dienen vorwiegend Prognosezwecken, der Bestimmung der Schlüpf- und Bekämpfungstermine, der relativen Populationsdichte, der Verbreitungsgrenzen eines Schädlings sowie der Entdeckung neuer Befallsherde.
Ein weiterer Vorteil von Präparaten mit attraktiven Eigenschaften liegt in der leichteren Bekämpfungsmöglichkeit versteckt lebender Schädlinge. Bei virusübertragenden saugenden Insekten mögen dagegen Repellenteigenschaften Vorteile bieten, da die Häufigkeit und die Dauer des Probierens verringert und damit unter Umständen die Virusübertragung eingeschränkt werden können.
Schließlich soll erwähnt werden, daß bei der Anwendung von Chemosterilants für Insekten unter Feldbedingungen die Ergebnisse sicher verbessert werden können, wenn eine Kombination mit Attraktivstoffen erfolgt.
Attraktiv- und Repellenteffekte müssen nicht nur bei Bekämpfungsaktionen in Rechnung gezogen werden, sondern sie bieten gleichzeitig wertvolle Möglichkeiten wirkungsvollerer und ökonomischerer Bekämpfungsaktionen. Eine genaue Kenntnis der Sinnesleistungen der Insekten ist Voraussetzung für den sinnvollen Einsatz von Attraktants und Repellents. Die Vertiefung unseres Wissens über die damit verbundenen Probleme, über die Beziehungen zwischen der chemischen Struktur der stimulierenden Verbindung und der daraufhin beim Insekt erfolgenden Reaktion, die Aufklärung der Wirkungsmechanismen der Attraktanz und Repellenz, der Übergang vom empirischen zum systematischen Weg der Forschung auf diesem Gebiet und die Schaffung standardisierter Testmethoden werden dazu beitragen, Mißerfolge durch sinnesphysiologische Effekte der Pestizide zu vermeiden und die Einsatzmöglichkeit der Attraktants und Repellents kontinuierlich zu erweitern.

5. Zusammenfassung

1. Chemische Stimuli, darunter Attraktants und Repellents, spielen in der Ökologie der Insekten eine bedeutende Rolle. Veränderungen der Reizfeldstrukturen durch hinzutretende chemische Stimuli, zum Beispiel Pflanzenschutzmittel, können die natürlichen Reaktionsketten unterbrechen und Verhaltensumstimmungen hervorrufen.

2. Die sich häufenden Beobachtungen der letzten Jahre über Attraktiv- und Repellentwirkungen bei Pestiziden berechtigen zu der Forderung nach systematischer Überprüfung der Pflanzenschutzmittel auf sinnesphysiologische Effekte. Dazu ist eine Standardmethode erforderlich, mit der schnell exakte und vergleichbare Resultate gewonnen werden können.

3. Freiland-Methoden genügen diesen Anforderungen nicht. Durch Experimente mit Köderfallen wird nachgewiesen, daß den Ergebnissen sinnesphysiologischer Freilanduntersuchungen eine hohe Variabilität anhaftet. Als zwei

wesentliche Variationen bedingende Begleitfaktoren des Lockfallenverfahrens werden der Positionseffekt der Fallen und der Konkurrenzeinfluß natürlicher Lockquellen experimentell untersucht.

4. Die verfügbaren Labormethoden lassen sich in Fraßtests, Arenatests, Olfaktometertests, auf speziellen Verhaltensweisen basierende und elektrophysiologische Methoden gruppieren. Unter ihnen gewährleisten olfaktometrische Methoden am besten und schnellsten die Darstellung attraktiver und repellenter Fernwirkungen auf Insekten.

5. Der experimentelle Vergleich verschiedener Olfaktometertypen zeigt, daß das Y-Rohr-Olfaktometer in einer modifizierten Form (Vorschieben der Insekten zur Verzweigungsstelle) den Anforderungen am besten genügt. Form und Größe des Reaktionsrohres sind Faktoren, die das Ergebnis wesentlich beeinflussen. Die Nutzung einer durch Duftstoffe induzierten Anemotaxis der Insekten zur Darstellung von Attraktiv- und Repellenteffekten ist im Labor mit Schwierigkeiten verbunden und nicht zufriedenstellend.

6. Am Beispiel der bekannten Reaktion von *Drosophila melanogaster* auf verschiedene Konzentrationen von Essigsäure wird die Leistungsfähigkeit der Y-Rohr-Methode demonstriert und die Beeinflussung der Ergebnisse durch endogene und exogene Faktoren untersucht. Die im Olfaktometer ermittelte Umschlagskonzentration beim Übergang der Attraktanz (bzw. Indifferenz) zur Repellenz muß mit etwa 10 multipliziert werden, um die entsprechend wirksame Konzentration für Lockfallenexperimente im freien Raum zu erhalten. Am besten geeignet zur Darstellung der Reaktionen sind 2—4 Tage alte Essigfliegen. Ein zusätzlicher von den Fliegen ausgehender Attraktivfaktor existiert nicht. Die Faktoren Licht und Strömungsgeschwindigkeit beeinflussen die Ergebnisse wesentlich. Die Verwendung von Hungertieren wirkt sich unterschiedlich in den verschiedenen Reaktionsbereichen aus.

7. Da das Fehlen einer zusammenfassenden Darstellung über Attraktiv- und Repellenteffekte bei Pflanzenschutzmitteln zum gegenwärtigen Zeitpunkt einen ernsten Mangel darstellt, wird versucht, eine umfassende Übersicht der bisherigen Beobachtungen zu geben und daraus Schlußfolgerungen abzuleiten.

8. Nach der genannten Methode wird die attraktive und repellente Dampfwirkung von 17 insektiziden und 3 fungiziden Präparaten, 1 akariziden Mittel sowie deren 15 Wirkstoffen auf *Drosophila melanogaster*, *Sitophilus oryzae* und einige andere Arten untersucht. Die mit steigender Konzentration des Mittels ausgelösten Reaktionen lassen sich in verschiedene Kategorien einordnen, von denen Repellenz in allen Konzentrationen sowie Übergang von der Indifferenz oder Attraktanz zur Repellenz bei zunehmender Konzentration den prozentual größten Anteil haben.

9. Nicht nur Insektizide, sondern auch andere Pflanzenschutzmittel üben sinnesphysiologische Wirkungen auf Insekten aus. Die Experimente zeigen, daß den Präparatbeimischungen häufig entscheidende Bedeutung als Ursache für Attraktiv- und Repellenteffekte zukommt.

10. Der Vergleich der Reaktionen von *Drosophila* und *Sitophilus* zeigt, daß bei 2 Arten gegenüber dem gleichen Mittel wesentliche Unterschiede im Typ und in der Intensität der Reaktion bestehen.

11. Attraktiv- und Repellenteffekte bei Pflanzenschutzmitteln müssen nicht nur berücksichtigt werden, sondern können zur Erzielung wirkungsvoller, ökonomischer und biozönoseschonender Verfahren in den Dienst der Bekämpfung treten.

6. Literaturverzeichnis

ABBOTT, C. E. (1936): On the olfactory powers of *Megarhyssa lunator* (*Hymenoptera: Ichneumonidae*). Entomol. News **47**, 263–264.

ACREE, F., Jr. (1953a): The isolation of gyptol, the sex attractant of the female gypsy moth. J. econ. Ent. **46**, 313–315.

ACREE, F., Jr. (1953b): Studies on the chromatography of gyptyl azoate. J. econ. Ent. **46**, 900–902.

ACREE, F., Jr. (1954): The chromatography of gyptol and gyptyl ester. J. econ. Ent. **47**, 321–326.

ACREE, F., Jr., M. BEROZA, R. F. HOLBROOK and H. L. HALLER (1959): The stability of hydrogenated gypsy moth sex attractant. J. econ. Ent. **52**, 82–85.

ADLUNG, K.-G. (1957): Zur Anlockung des Schwammspinners *Lymantria dispar* L. an seine Wirtspflanzen. Z. angew. Zool. **44**, 61–78.

ADLUNG, K.-G. (1958): Die Lockwirkung von Methylestern der Leinölfettsäuren auf Borkenkäfer. Naturwiss. **45**, 626–627.

ADLUNG, K.-G. (1960): Über die Ergebnisse der im Schwarzwald 1958 und 1959 durchgeführten Freilandversuche zur Anlockung von Borkenkäfern mit Lockstoffen. Z. angew. Entomol. **45**, 430–435.

ADLUNG, K.-G. (1964): Field tests on the attraction of male nun moths (*Lymantria monacha* L.) and gypsy moths (*Lymantria dispar* L.) to gyplure, a synthetic sex attractant. Z. angew. Entomol. **54**, 304–309.

AHMAD, T. (1934): Chemotropic of a chironomid fly (*Forcipomyia* sp.) on petroleum oils. Nature **133**, 462–463.

ALEXANDER, B. H., M. BEROZA, T. A. ODA, L. F. STEINER, D. H. MIYASHITA and W. C. MITCHELL (1962): The development of male melon fly attractants. J. agric. Food Chem. **10**, 270–276.

ALEXANDER, B. H. and M. BEROZA (1963): Aliphatic amides of cyclic amines and tolyl maleimides as mosquito repellents. J. econ. Ent. **56**, 58–60.

ALLEN, N. and C. R. HODGE (1955): Mating habits of the tobacco hornworm. J. econ. Ent. **48**, 526–528.

ALLEN, N., W. S. KINARD and M. JACOBSON (1962): Procedure used to recover a sex attractant for the male tobacco hornworm. J. econ. Ent. **55**, 347–351.

ALTMAN, R. M. and C. N. SMIDT (1955): Investigations of repellents for protection against mosquitoes in Alaska, 1953. J. econ. Ent. **48**, 67–72.

AMBROS, W. (1938): Einige spezielle Beobachtungen und Untersuchungen während der Nonnenkontrolle im Jahre 1937. Zbl. ges. Forstwes. **64**, 49–70.

AMBROS, W. (1940): Einige Beobachtungen und Untersuchungen an der Nonne im Jahre 1938. Zbl. ges. Forstwes. **66**, 131–147, 166–169.

AMBROSE, A. M. (1959): Pharmacologic and toxicologic studies on N,N-diethyltoluamide I. N,N-Diethyl-m-toluamide. Toxicology **1**, 97–115.

ANDERSON, J. M. and K. C. FISHER (1960): The response of the white pine weevil to naturally occuring repellents. Canad. J. Zool. **38**, 547–564, Ottawa.

APPLEWHITE, K. H. and H. F. CROSS (1951): Furthes studies of repellents in Alaska. J. econ. Ent. **44**, 19–22.

APPLEWHITE, K. H. and C. N. SMITH (1950): Field tests with mosquito and sand fly repellents in Alaska. J. econ. Ent. **43**, 353–357.

ARMITAGE, H. M. (1956): Emergency measures directed against mexican fruit fly threat to California. J. econ. Ent. **48**, 657–659.

ARMITAGE, H. M. (1959): Aromatic bait traps as a factor in insect spread. J. econ. Ent. **52**, 157–158.

ARNOLD, J. W. (1957): Toxicity and repellency of paradichlorobenzene to larvae of the black carpet beetle. J. econ. Ent. **50**, 469–471.

ASKELÖF, E. (1950): Survey so-called repellent insecticides that have been developed during the last years. Proc. VIII. Intern. Congr. Ent., Stockholm, 1948, pp. 842–847.

AVIDOV, Z., D. ROSEN, and U. GERSON (1963): A comparative study on the effects of aerial versus ground spraying of poisoned baits against the Mediterranean fruit fly on the natural enemies of scale insects in citrus groves. Entomophaga (Paris) **8**, 205–212.

BAKER, G. J. (1962): Novel insect repellents. Soap (New York) **38** (12), 111–114, 149, 152–53.

BARNES M. M. and J. C. ORTEGA (1959): Experiments with protein hydrolysate bait sprays for control of the walnut husk fly. J. econ. Ent. **52**, 279–285.

BARNES, M. M. and H. T. OSBORN (1958): Attractants for the walnut husk fly. J. econ. Ent. **51**, 686–689.

BARNES, M. M., D. W. ROBINSON and A. G. FORBES (1954): Attractants for moths of the western grape leaf skeletonizer. J. econ. Ent. **47**, 58–63.

BARROWS, W. M. (1907): The reactions of the pomace fly, *Drosophila ampelophila* Loew. to odorous substances. J. exper. Zool. **4**, 515–537.

BARTH, R. (1937): Herkunft, Wirkung und Eigenschaften des weiblichen Sexualduftstoffes einiger Pyraliden. Zool. Jb. (Zool. Physiol. Tiere) **58**, 297–329.

BARTH, R. H., Jr. (1961): Hormonal control of sex attractant production in the Cuban cockroach. Science **133**, 1598–1599.

BARTLETT, B. R. (1965): The repellent effects of some pesticides to hymenopterous parasites and coccinellid predatores. J. econ. Ent. **58**, 294–296.

BAR-ZEEV, M. (1960): The reaction of mosquitoes to moisture and high humitidy. Ent. exp. appl. **3**, 198–211.

BAR-ZEEV, M. (1962): A rapid method for screening and evaluating mosquito repellents. Bull. ent. Res. **53**, 521–528.

BAR-ZEEV, M. and C. N. SMITH (1959): Action of repellents on mosquitoes feeding through treated membranes or on treated blood. J. econ. Ent. **52**, 263–267.

BECK, S. D. (1956): A bimodal response to dietary sugars by an insect. Biol. Bull. **110**, 219–228.

BECKER, G. (1962): Nahrungsfindung und Chemotaxien bei holzbewohnenden Käfern. Z. angew. Entomol. **50**, 88–93.

BEGG, M. and L. HOGBEN (1946): Chemoreceptivity of *Drosophila melanogaster*. Proc. roy. Soc. (B) **133**, 1–19.

BENETT, S. E. (1965): Tannic acid as a repellent and toxicant to alfalfa weevil larvae. J. econ. Ent. 58, 372.
BERESINA, V. M. (1951): Über die Bekämpfung des Maikäfers in der Forstwirtschaft. Lesnoje Chosjaistvo 4, (2), 60.
BEROZA, M. (1960): Insect attractants are taking hold. Agric. Chem. 37–40, July 1960.
BEROZA, M., B. H. ALEXANDER, L. F. STEINER, W. C. MITCHELL and D. H. MIYASHITA (1960): New synthetic lures for the male melon fly. Science 131, 1044–1045.
BEROZA, M., N. GREEN, S. J. GERTLER, L. F. STEINER and D. H. MIYASHITA (1961): New attractants for the mediterranean fruit fly. J. agric. Food Chem. 9, 361–365.
BEROZA, M., T. P. McGOVERIN, L. F. STEINER and D. H. MIYASHITA (1964): Tert-butyl and tert-pentyl esters of 6-methyl-3-cyclohexene-l-carboxylic acid as attractants for the mediterranean fruit fly. J. agric. Food Chem. 12, 258–259.
BERTRAM, D. M. (1950): Brit. Med. J. 1200 (Mai 1950) (zitiert bei DETHIER 1956).
BEVAN, C. W. L., A. J. BIRCH and H. CASWELL (1961): An insect repellent from black cocktail ants. J. chem. Soc. (London) 1961 (I), 488.
BLOCK, B. C. (1960): Laboratory method for screening compounds as attractants to gypsy moth males. J. econ. Ent. 53, 172–173.
BLUNCK, H. (1938a): Über die Möglichkeiten zur Verhinderung der Eiablage des Maikäfers auf landwirtschaftlich genutzten Flächen. Z. Pflanzenkrankh. Pflanzenschutz 48, 27–39.
BLUNCK, H. (1938b): Das Schrifttum über die Möglichkeiten zur Bekämpfung der Maikäferengerlinge mit mechanischen und chemischen Mitteln. Z.Pflanzenkrankh. Pflanzenschutz 48, 64–87.
BOCH, R. and D. A. SHEARER (1962): Identification of geraniol as the active component in the Nassanoff Pheromone of the honey bee. Nature 194, 704–706.
BODENSTEIN, G. and W. MADEL (1957): Neue Methoden der Fruchtfliegenbekämpfung. Anz. Schädlingskde. 30, 172–174.
BOHART, G. E. and F. V. LIEBERMAN (1949): Effect of an experimental field application of DDT dust on *Nomia melanderi*. J. econ. Ent. 42, 519–522.
BÖHMEL, W. (1937): Untersuchungen über die Nahrungsaufnahme von berüsselten Kleinschmetterlingen und deren Bekämpfung durch Giftköder. Arb. physiol. angew. Ent. 4, 169–192.
BOISTEL, J. (1953): Etude functionalle des terminaisons sensorielles des antennes d'Hyménoptères. C. R. Soc. Biol. Paris 147, 1683–1688.
BOISTEL, J., J. LECOMTE et E. CORABOEUF (1956): Quelques aspects de l'étude électrophysiologique des réceptures sensoriels des antennes d'hyménoptères. Insectes sociaux 3, 25–31.
BOVINGDON, H. H. S. (1958): An apparatus for screening compounds for repellency to flies and mosquitoes. Ann. appl. Biol. 46, 47–54.
BREMER, H. (1959): Versuche zur Abschreckung von Blattläusen. Anz. Schädlingskde. 32, 17–18.
BRETT, C. H. and W. C. RHOADES (1946): Control of the red harvester ant with Velsicol 1068. J. econ. Ent. 39, 663–664.
BROADBENT, L. (1957): Insecticidal control of the spread of plant viruses. Ann. Rev. Entomol. 2, 339–354.
BROWN, A. W. A. (1956): Factors which attract *Aedes* mosquitoes to humans. Proc. 10th Intern. Congr. Ent. 3, 757–763.
BROWN, A. W. A. (1961): The challenge of insecticide resistance. Bull. ent. Soc. Amer. 7 (1), 6–19.
BROWN, A. W. A. and A. G. CARMICHAEL (1961a): Lysine as a mosquito attractant. Nature 189, 508–509.

BROWN, A. W. A. and A. G. CARMICHAEL (1961b): Lysine and alanine as mosquito attractants. J. econ. Ent. **54**, 317–324.

BROWN, A. W. A., D. S. SARKARIA and R. P. THOMPSON (1951): Studies on the responses of the female *Aedes* mosquito. Part I. The search for attractant vapours. Bull. ent. Res. **42**, 105–114.

BROWN, A. W. A., A. S. WEST and A. S. LOCKLEY (1961): Chemical attractants for the adult house fly. J. econ. Ent. **54**, 670–764.

BROWNE, L. B. (1960): The role of olfaction in the stimulation of oviposition in the blow-fly, *Phormia regina*. J. insect. Physiol. **5**, 16–22.

BUNKER, C. W. O. and A. D. HIRSCHFELDER (1925): Mosquito repellents. Am. J. Trop. Med. **5**, 359–383.

BURDEN, G. S. and J. L. EASTIN (1960): Laboratory evaluation of cockroach repellents. Pest Control **28** (6), 14.

BURDEN, G. S., C. S. LOFGREN and J. L. EASTIN (1959): Malathion resistance in a laboratory strain of the german cockroach. Pest Control **27** (2), 38.

BURGESS, E. D. (1950): Development of gypsy moth sex-attractant traps. J. econ. Ent. **43**, 325–328.

BUSVINE, J. R. (1957): A critical review of the techniques for testing insecticides. 208 S., London, Commonw. Inst. Ent.

BUTENANDT, A. (1955): Über Wirkstoffe des Insektenreiches. II. Zur Kenntnis der Sexuallockstoffe. Naturwiss. Rdsch. 8, 457–464.

BUTENANDT, A. (1959): Wirkstoffe des Insektenreiches. Naturwiss. **46**, 461–471.

BUTENANDT, A., R. BECKMANN, D. STAMM and E. HECKER (1959): Über den Sexual-Lockstoff des Seidenspinners *Bombyx mori*. Reindarstellung und Konstitution. Z. Naturforsch. **14** b, 283–284.

BUTENANDT, A., R. BECKMANN und E. HECKER (1961a): Über den Sexuallockstoff des Seidenspinners. I. Der biologische Test und die Isolierung des reinen Sexuallockstoffes Bombykol. Z. Physiol. Chem. **324**, 71–83.

BUTENANDT, T., R. BECKMANN und D. STAMM (1961b): Über den Sexuallockstoff des Seidenspinners. II. Konstitution und Konfiguration des Bombykols. Z. Physiol. Chem. **324**, 84–87.

BUTENANDT, A. and E. HECKER (1961): Synthese des Bombykols, des Sexual-Lockstoffes des Seidenspinners, und seiner geometrischen Isomeren. Angew. Chem. **73**, 349–353.

BUTENANDT, A. und N.-D. TAM (1957): Über einen geschlechtsspezifischen Duftstoff der Wasserwanze *Belostoma indica* Vitalis (*Lethocerus indicus* Lep.). Z. Physiol. Chem. **308**, 277–283.

CAMERON, A. E. (1939): Insect and other pests of 1939. Trans. Highl. agric. Soc. Scot. 1939, 136–174, B. L. I.

CASIDA, J. E., H. C. COPPEL and T. WATANABE (1963): Purification and potency of the sex attractant from the introduced pine sawfly, *Diprion similis*. J. econ. Ent. **56**, 18–24.

CAYROL, R. (1962): Efficacité de différents appats insecticides sur les larves d'agrotis ipsilon Hfn. Phytiat. Phytopharm. **11** (1), 35–39. Paris.

CHADWICK, P. R. (1962): Studies on the sub-lethal effects of pyrethrins on the grain weevil, *Calandra oryzae* L. Pyrethrum Post **6** (3) 20–26.

CHAMBERLAIN, W. F. (1954): Repellents for corn earworm control. J. econ. Ent. **47**, 364–365.

CHAMBERLAIN, W. F. (1956): A simplified quantitative olfactometer for use with agriculturally important insects. J. econ. Ent. **49**, 659–663.

CHAMBERLAIN, W. F. (1959): The behavior of agricultural insects toward olfactory repellents in the olfactometer and in split-arena tests. J. econ. Ent. **52**, 286–289.

CHAMBERLAIN, W. F. and W. M. HOSKINS (1949): The toxicity and repellence of organic chemicals toward termites, and their use in termite-proofing food packages. Hilgardia **19** (9), 285–307.

CHANG, J. T. (1948): (zitiert bei ROGOFF 1952).

CHAPMAN, R. F. (1961): Some experiments to determine the methods used in host-finding by the tsetse fly, *Glossina medicorum* Austen. Bull. ent. Res. **52**, 83–97.

CHAPMAN, I. A. and R. CRAIG (1953): An electrophysiological approach to the study of chemical sensory reception in certain insects. Canad. Entomol. **85**, 182–189.

CHARARAS, C. (1960): L'attractivité excercée par Fraxinus excelsior L. à l'égard de Leperesinus fraxini Panz. (Coléoptére *Scolytidae*) et les modifications physiologiques de la plante-hôte. C. R. Acad. Sci. (Paris) **250**, 3872–3874. Ref.: Ber. wiss. Biol. **153** (1961), 312.

CHEN, K. H. (1960): Studies on melon fly control. Agric. Res. **9** (1) 43–51, Taipei, Formosa Ref.: Rev. appl. Ent. **50** (1962), 905.

CHRISTOPHERS, S. R. (1947): Mosquito repellents, being a report of the work of the mosquito repellent enquiry, Cambridge 1943–1945. J.Hyg., Camb., **45**, 176–231.

CLEVELAND, M. L. and L. L. MURDOCK (1964): Natural sex attractant of the lesser peach tree borer. J. econ. Ent. **57**, 761–762.

COLE, A. C. (1932): The olfactory responses of the cockroach (*Blatta orientalis*) to the more important essential oils and a control measure formulated from the results. J. econ. Ent. **25** (4), 902–905.

COLLESS, D. H. (1953): The effect of DDT and Kerosene upon adult behaviour in *Anopheles balabacensis* Baisas (–*A. leucosphyrus* auct.). Ann. trop. Med. Parasitol. **47**, 261–271.

COLLINS, C. M. and S. F. POTTS (1929): Attractants for the male gypsy moths. J. econ. Ent. **22**, 562–569.

COLLINS, C. M. and S. F. POTTS (1932): Attractants for the flying gypsy moths as an aid in locating new infestations. U. S. Dep. agric. techn. Bull. **336**, 1–43.

COLUZZI, A. & M. COLUZZI (1961): Sall'irritabilità degli *Anopheles* al DDT in rapporto all' eradicazione della malaria. Riv. Malariol. (Rom) **XL** (1–3), 35–40.

COPPEL, H. C., J. E. CASIDA and W. C. DAUTERMANN (1960): Evidence for a potent sex attractant in the introduced pine sawfly, *Diprion similis* (*Hymenoptera*: *Diprionidae*). Ann. ent. Soc. Amer. **53** (4), 510–512.

CRAGG, J. B. (1946): The control of sheep blowflies by DDT dips. Ann. appl. Biol. **33**, 127–129.

CRAGG, J. B. (1949): The reactions of *Lucilia sericata* (Mg.) to various substances placed on sheep. Parasitology **40**, 179.

CRAGG, J. B. (1956): The olfactory behaviour of *Lucilia species* (*Diptera*) under natural conditions. Ann. appl. Biol. **44** (3), 467–477.

CRAGG, J. B. and P. COLE (1956): Laboratory studies on the chemosensory reactions of blowflies. Ann. appl. Biol. **44**, 478–491.

CRAGG, J. B. and G. R. RAMAGE (1945): Chemotropic studies on the blowflies *Lucilia sericata* (Mg.) and *Lucilia caesar* (L.). Parasitology **36**, 168–175.

CRAGG, J. B. and B. A. THURSTON (1950): The reactions of blowflies to organic sulphur compounds and other materials used in traps. Parasitology **40**, 187–194.

CROMBIE, A. C. (1944): On the measurement and modification of the olfactory responses of blowflies. J. exp. Biol. **20**, 159–166.

CRYSTAL, M. M. (1964): Observations on the role of light, temperature, age, and sex in the response of screw-worm flies to attractants. J. econ. Ent. **57**, 324–325.

CUTHBERT, F. P., Jr. and W. J. REID (1964): Studies of sex attractant of bended cucumber beetle. J. econ. Ent. **57**, 247–250.

CYMOREK, S. (1964): Beiträge zur Kenntnis der Lebensweise und des Schadauftretens holzzerstörender Insekten. Z. angew. Entomol. **55**, 85–93.

DANZER, A. (1956): Die Duftorientierung von *Geotrupes silvaticus* im natürlichen Biotop. Z. vgl. Physiol. **39**, 76–83.

DÄSSLER, H.-G. (1958): Zur Wirkungsweise ungesättigter Fettsäureester als Fraßlockstoffe beim Fichtenrüsselkäfer (*Hylobius abietis*). Anz. Schädlingskde. **31**, 153–155.

DÄSSLER, H.-G. und W. HENKER (1959): Über Lockstoffe beim großen Kiefernborkenkäfer (*Ips sexdentatus*). Anz. Schädlingskde. **32**, 74–76.

DAVIDSON, G. (1953): Experiments on the effect of residual insecticides in houses against *Anopheles gambiae* and *A. funestus*. Bull. ent. Res. **44**, 231–254.

DAVIS, D. W. (1952): Some effects of DDT on spider mites. J. econ. Ent. **45**, 1011–1019.

DEAN, R. W. (1941): Attraction of *Rhagoletis pomonella* adults to protein baits. J. econ. Ent. **34**, 123.

DEBACH, P. and B. BARTLETT (1951): Effects of insecticides on biological control of insect pests of citrus. J. econ. Ent **44**, 372–383.

DETHIER, V. G. (1937): Gustation and olfaction in lepidopterous larvae. Biol. Bull. **72**, 7–23.

DETHIER, V. G. (1941): The function of the antennae receptors in lepidopterous larvae. Biol. Bull. **80**, 402–414.

DETHIER, V. G., (1943): Testing attractants and repellents, Laboratory Procedures in studies on the chemical control of insects. Pub. Am. Assoc. Adv. Sci. **20**, 167–172.

DETHIER, V. G. (1947): Chemical insect attractants and repellents. Blakiston, Philadelphia, 289 S.

DETHIER, V. G. (1955): Mode of action sugar-baited fly traps. J. econ. Ent. **48**, 235–239.

DETHIER, V. G. (1956): Repellents. Ann. Rev. Ent. **1**, 181–202.

DETHIER, V. G. (1957a): Chemoreception and the behavior of insects. Survey biol. progress **3**, 149–183.

DETHIER, V. G. (1957b): Insect attractants and repellents. Soap **33** (2), 83–87, 117, (3), 97–101.

DETHIER, V. G., L. B. BROWNE and C. N. SMITH (1960): The designation of chemicals in terms of the responses they elicit from insect. J. econ. Ent. **53**, 134–136.

DETHIER, V. G. and L. E. CHADWICK (1948): Chemoreception in insects. Physiol. Rev. **28**, 220–254.

DETHIER, V. G., B. E. HACKLEY and T. WAGNER-JOUREGG (1952): Attraction of flies by isovaleraldehyde. Science **115**, 141–142.

DETHIER, V. G. and M. T. YOST (1952): Olfactory stimulation of blow-flies by homologous alcohols. J. Gen. Physiol. **35**, 823–839.

DETOLEDO, A. A. (1952): Notas preliminares sôbre o contrôle da broca do rizoma da bananeira (*Cosmopolites sordidus* Germ.). Biologico 18 (9), 145–152, São Paulo Ref.: Rev. appl. Ent. **42** (1954), 54–55.

DEWILDE, J. (1958): Host plant selection in the colorado beetle larva (*Leptinotarsa decemlineata* Say). Ent. exp. appl. **1**, 14–22.

DICKE, R. J., G. D. MOORE and W. L. HILSENHOFF (1952): House fly response to volatilized chlorinated hydrocarbon insecticides. J. econ. Ent. **45**, 722–725.

DITMAN, L. P., J. P. SECREST and E. N. CORY (1941): Studies on corn ear worm control. Maryland Agr. Exp. Sta., Bull. **439**, 205–223.

DODGE, H. R. (1960): An effective, economical flytrap. J. econ. Ent. **53**, 1131–1132.

DÖHRING, E. (1961): Über Schaben und ihre Bekämpfung mit neuartigen Mitteln. Prakt. Schädlingsbek. **13**, 13–19.

DOVE, W. E. (1945): Insect repellents. Soap **21**, 121–121 B.

DOW, R. P. (1959): A method of testing insect traps and attractants and its application to studies of *Hippelates pusio* and *Culex tarsalis*. J. econ. Ent. **52**, 496–503.

DOWNES, W. (1935): Recent trials of repellents for narcissus fly. Canad. Entomologist **67**, 21–24.

DUCHANOIS, F. R. (1947): Toxicity of gamma-benzene hexachloride to preimaginated stages of the housefly. J. econ. Ent. **40**, 749–751.

EAGLESON, C. (1939): Insect olfactory responses. Soap **15** (12), 123–127.

ECKSTEIN, F. (1931): Über die Verwendung von Ködermitteln zur Schädlingsbekämpfung. Z. angew. Entomol. **18**, 726–743.

EHRENHARDT, H. (1954): Zur Bekämpfung von Maikäfern und Jungengerlingen durch Behandlung der Kulturflächen mit Hexa-Präparaten vor dem Maikäferflug. Nachrichtenbl. Dt. Pflanzenschutzdienst (Braunschweig) **6**, 115–122.

EMERSON, A. E. (1929): Communication among termites. Trans. 4th Int. Entomol. Congr. Ithaca, N. Y. **2**, 722–727.

ENTWISTLE, P. F. (1961): The increase of minor pests of cocoa following application of Dieldrin. Ann. Rep. W.A.C.R.I. 1959/60, 36–37.

ESCHERICH, K. (1916): Die Maikäferbekämpfung im Bienenwald (Rheinpfalz) – ein Musterbeispiel technischer Schädlingsbekämpfung. Z. angew. Entomol. **3**, 134–156.

ESENTHER, G. R., T. C. ALLEN, J. E. CASIDA and R. D. SHENEFELT (1961): Termite attractant from fungus-infected wood. Science **134**, 50.

EYER, J. R. (1937): Ten years' experiments with codling moth bait traps, light traps and trap bands. New Mexican Bull. 253.

FAES, H., M. STAEHELIN & P. BOVEY (1933): Les traitments effectués contre les parasites des arbres fruitiers, insectes et champignons en 1930–1931. Landw. Jahrb. Schweiz **47**, 17–76.

FALES, J. H., J. C. KELLER, and O. F. BODENSTEIN (1961): Experiments on control of the face fly. J. econ. Ent. **54**, 1147–1151.

FARSKY, O. (1938): Nonnenkontroll- und Vorbeugungsmethode nach Professor Forst-Ing. Ant. Dyk. Anz. Schädlingskde. **14**, 52–56, 65–67.

FIEDLER, H. G. (1950): Studien zur Biologie und Bekämpfung der Kaffeewanzen (*Antestia lineaticollis* Stal. und A. faceta Germ.) in Ostafrika. Z. angew. Entomol. **31**, 473–499.

FIELD, J. W. (1950): Fumigant and repellent effects of BHC (gammexane) and DDT upon *Anopheles*. Trans. Roy. Soc. trop. Med. London **43**, 547–548.

FIELDS, M. L., G. R. AMMERMAN and N. W. DESROSIER (1955): Combatting fruit flies with repellents. Canner **120** (24), 18–19.

FINDLAY, G. M., J. HARDWICKE and A. J. PHELPS (1946): Tsetse fly repellents. Trans. Roy. Soc. Trop. Med. Hyg. **40**, 341–344.

FLANDERS, S. E. (1942): *Metaphycus helvolus*, an encyrtid parasite of the black scale. J. econ. Ent. **35** (5), 690–698.

FLANDERS, S. E. (1947): Elements of host discovery exemplified by parasitic *Hymenoptera*. Ecology **28**, 299–309.

FLASCHENTRÄGER, B. and E. S. AMIN (1950): Chemical attractants for insects: Sex- and food odours of the cotton leaf worm and the cut worm. Nature **165**, 394.

FLEMING, W. E. and F. E. BAKER (1936): Derris as a japanese beetle repellent and insecticide. J. agric. Res. **53**, 197–207.

FLESCHNER, C. A. and G. T. SCRIVEN (1957): Effect of soil-type and DDT on ovipositional response of *Chrysopa californica* (Coq.) on lemon trees. J. econ. Ent. **50**, 221–222.

FLÜGGE, C. Z. (1934): Geruchliche Raumorientierung von *Drosophila melanogaster*. Z. vgl. Physiol. **20**, 463–500.
FOLSOM, J. W. (1931): A chemotropometer. J. econ. Ent. **24**, 827–833.
FOSTER, J. R. (1955): The effect of ingredients in insecticides on the behavior of the japanese beetle. J. econ. Ent. **48**, 703–706.
FRAENKEL, G. and D. L. GUNN (1940): The orientation of animals. Oxford, 352 S.
FRANZ, J. (1940): Der Tannentriebwickler Cacoecia murinana Hb. Beiträge zur Bionomie und Ökologie. Z. angew. Entomol. **27**, 345–407, 585–620.
FREY, W. und MELTZER (1955): Diskussionsbericht zu SY, M.: Über Versuche mit Getreidestreumitteln. Mitt. Biol. Bundesanst. Berlin-Dahlem **83**, 158.
FRINGS, H. (1941): The loci of olfactory end-organs in blowfly, *Cynomyia cadaverina* Desvoidy. J. exper. Zool. **88**, 65–93.
FRINGS, H. (1948): Inorganic salts as repellents for package penetrating insects. J. econ. Ent. **41**, 413–416.
FRISCH, K. v. (1921): Über den Sitz des Geruchssinnes bei Insekten. Zool. Jb., Abtlg. allgem. Zool. u. Physiol. **38**, Jena.
FRÖHLICH, G., W. RODEWALD et al. (1963): Pflanzenschutz in den Tropen. Leipzig, 293 S.
FRYER, H. C., F. W. ALKESON and R. C. SMITH (1948): Comparison of methods for testing repellent-type fly sprays. J. econ. Ent. **41**, 80–88.
FUCHS, W. H. (1952): Bodenentseuchung. In: SORAUER, Handb. Pflanzenkrankh., B. **6**, 2. Aufl. Lfg. 1, S. 144–333.
FULTON, R. A. and H. C. MASON (1937): The adsorption-absorption and translocation of derris constituents in bean plants. Science N. S. **85**, 264.
GÄBLER, H. (1951): Giftspritzringmethode und ihre Entwicklungsmöglichkeiten. Anz. Schädlingskde. **24**, 35–36.
GAHAN, J. B., R. S. ANDERS, H. HIGHLAND and H. G. WILSON: Baits for the control of resistant flies. J. econ. Ent. **46**, 965–969 (1953).
GAHAN, J. B., B. V. TRAVIS, F. A. MORTON and A. W. LINDQUIST (1945): DDT as a residual-type treatment to control *Anopheles quadrimaculatus*: practical tests. J. econ. Ent. **38**, 231–235.
GAHAN, J. B., H. G. WILSON and W. C. MCDUFFIE (1954): Organic phosphorus compounds as toxicants in house fly baits. J. econ. Ent. **47**, 335–340.
GARY, N. E. (1961): Queen honey bee attractiveness as related to mandibular gland secretion. Science **133**, 1479–1480.
GARY, N. E. (1962): Chemical mating attractants in the queen honey bee. Science **136**, 773–774.
GEIGY, R. und G. E. UTZINGER (1953): Konstitution und insektenabhaltende Wirkung neuer Amide und die verwendeten Testmethoden. Acta Tropica **10**, 349–360.
GEILER, H. (1955): Die Zusammensetzung der während der Jahre 1952 und 1953 in Bodenfallen gefangenen niederen Tierwelt einer mitteldeutschen Feldflur. Wissensch. Zeitschr. d. KMU. Leipzig, 4. Jg. 1954/55, Math.-Nat. Reihe, H. 1/2, 41–46.
GEISTHARDT, G. und W. MADEL (1955): Über Lindan-Papier zum Mottenschutz. Z. angew. Zool. **42**, 441–451.
GEORGHIOU, G. P. and R. L. METCALF (1962): Carbamate insecticides: comparative insect toxicity of Sevin, Zectran and other new materials. J. econ. Ent. **55**: 125–127.
GERTLER, S. J., H. K. GOUCK and I. H. GILBERT (1962): N-Alkyl toluamides in cloth as repellents for mosquitoes, ticks, and chiggers. J. econ. Ent. **55**, 451–452.
GERTLER, S. I., L. F. STEINER, W. C. MITCHELL and W. F. BARTHEL (1958): Esters of 6-methyl-3-cyclohexane-l-carboxylic acid as attractants for the mediterranean fruit fly. J. agric. Food Chem. **6**, 592.

GILBERT, J. H., H. K. GOUCK and C. N. SMITH (1955): New mosquito repellents. J. econ. Ent. **48**, 741–743.

GILBERT, J. H., H. K. GOUCK and C. N. SMITH (1957): New insect repellent. Soap **33** (5), 115–117, 129–133; **33** (6), 95, 97, 99, 109.

GINSBURG, J. M. (1935): Protection from mosquitos bites in outdoor gatherings. Science **82**, 490–491.

GODAN, D. (1958): Über den Repellent- und Attraktiveffekt insektizider Pflanzenschutzmittel. Nachrichtenbl. Dt. Pflanzenschutzdienst (Braunschweig) **10**, 105 bis 111.

GODAN, D. (1959): Untersuchungen über den Einfluß organischer Phosphorpräparate auf das Verhalten von Insekten. Z. Pflanzenkrh. Pflanzenschutz **66**, 338 bis 353.

GODAN, D. (1961): Untersuchungen über die Wirkung von Eiweißködern auf die Maulwurfsgrille (*Gryllotalpa gryllotalpa* L.). Z. Pflanzenkrankh. Pflanzenschutz **68**, 18–30.

GOFFART, H. (1932): Versuche zur Bekämpfung der Kohlfliege (*Phorbia brassicae* Bché.) mit Naphthalin. Anz. Schädlingskde. **8**, 44–45.

GOODHUE, L. D. (1960): New techniques for screening cockroach repellents. J. econ. Ent. **53**, 805–810.

GOODHUE, L. D. and D. E. HOWELL (1960): Repellents and attractants in pest control operations. Pest control **28** (8), 44–50.

GOODHUE, L. D. and C. LINNARD (1952): Determining the repellent action of chemicals to the American cockroach. J. econ. Ent. **45**, 133–134.

GOODWIN, J., M. J. SLOAN and H. H. SCHWARDT (1952): Repellency test for horse flies and horn flies in New York State. J. econ. Ent. **45**, 121–122.

GÖRNITZ, K. (1937): Cantharidin als Gift und Anlockmittel für Insekten. Arb. physiol. angew. Entomol. **4**, 116–157.

GÖRNITZ, K. (1949): Anlockversuche mit dem weiblichen Sexualduftstoff des Schwammspinners (*Lymantria dispar*) und der Nonne (*Lymantria monacha*). Anz. Schädlingskde. **22** (10), 145–149.

GÖRNITZ, K. (1953): Untersuchungen über in Cruciferen enthaltene Insekten-Attraktivstoffe. Nachrichtenbl. Dt. Pflanzenschutzdienst N. F. **7**, 81–95.

GÖRNITZ, K. (1955): Fraßauslösende Stoffe für polyphag an Holzgewächsen fressende Raupen. Verh. dt. Gesellsch. angew. Entomol. **13**, 38–47.

GÖRNITZ, K. (1956): Weitere Untersuchungen über Insekten-Attraktivstoffe aus Cruciferen. Nachrichtenbl. Dt. Pflanzenschutzdienst N. F. **10**, 137–147.

GÖRNITZ, K. (1957): Über die Reaktion einiger an Cruciferen lebenden Insektenarten auf attraktive Duft- und Farbreize. Ber. Hundertjahrfeier Dtsch. Entomol. Ges. Berlin 30. Sept. – 5. Okt. 1956, S. 188–198.

GOTTSCHALK, C. (1957): Untersuchungen über die Wirkung verschiedener Substanzen als Lock- oder Fraßstoff auf einige Insektenarten. Beitr. Ent. **7**, 177–179.

GOTTSCHALK, C. (1958): Zur Anlockung von Staphyliniden durch chemische Substanzen (Vorläufige Mitteilung). Beitr. Ent. **8**, 78–80.

GÖTZ, B. (1938): Sinnesphysiologische Untersuchungen an Schmetterlingsraupen und ihre praktische Bedeutung. Anz. Schädlingskde. **14**, 92–93.

GÖTZ, B. (1939a): Untersuchungen über die Wirkung des Sexualduftstoffes bei den Traubenwicklern *Clysia ambiguella* und *Polychrosis botrana*. Z. angew. Entomol. **26**, 143–164.

GÖTZ, B. (1939b): Über weitere Versuche zur Bekämpfung der Traubenwickler mit Hilfe des Sexualduftstoffes. Anz. Schädlingskde. **15**, 109–114.

GÖTZ, B. (1939c): Sinnesphysiologie und Schädlingsbekämpfung. VII. Internat. Kongr. Entomol. Verhandlungen B. IV. Berlin 1938, S. 2993–3003.

GÖTZ, B. (1940): Sexualduftstoffe als Lockmittel in der Schädlingsbekämpfung. Umschau **44**, 794–796.

Götz, B. (1942): Zum Geschlechtsverhältnis der Traubenwickler. *Clysia ambiguella* und *Polychrosis botrana*. Z. angew. Entomol. **29**, 313–328.

Götz, B. (1951): Die Sexualduftstoffe an Lepidopteren. Experientia **7**, 406–418.

Gouck, H. K. and I. H. Gilbert (1955): Field tests with new tick repellents in 1954. J. econ. Ent. **48**, 499–500.

Gouck, H. K. and I. H. Gilbert (1960): Field tests with new tick repellents in 1955, 1956 and 1959. Florida Ent. **43**, 189–194.

Gouck, H. K. and I. H. Gilbert (1962): Responses of mosquitoes and stable flies to a man in a light-weight rubber diving suit. J. econ. Ent. **55**, 386–392.

Gouck, H. K., S. A. Hall, C. N. Smith and I. H. Gilbert (1957): Repellency of homologous series of cyclohexane aliphatic acids and amides. J. econ. Ent. **50**, 175–177.

Gow, P. L. (1954): Proteinaceous bait for the oriental fruit fly. J. econ. Ent. **47**, 153–160.

Graham, K. (1959): Release by flight exercise of a chemotropic response from photopositive domination in a scolytid beetle. Nature **184**, 283–284.

Graham, H. M. and D. F. Martin (1963): Use of cyanide in pink bollworm sex-lure traps. J. econ. Ent. **56**, 901–902.

Granett, P. (1938): Comparison of mosquito repellency tests under laboratory and field conditions. Proc. 25th Meet. New Jersey Mosquito Exterm. Assoc., S. 51 bis 57.

Granett, P. (1940): Studies of mosquito repellents. I. Test procedure and method of evaluating test data. J. econ. Ent. **33**, 563–565.

Granett, P. (1960): Use of animal an membrane in the evaluation of chemical repellents against the stable fly. J. econ. Ent. **53**, 432–435.

Granett, P. and H. L. Haynes (1945): Laboratory evaluation of chemicals for rendering fabric repellents to mosquitoes. Proc. 32nd Meet. New Jersey Mosquito Exterm. Assoc., S. 82–87.

Gras, G. (1952): Die Überwinterung landwirtschaftlich besonders bedeutsamer Schadinsekten in ihrer Abhängigkeit vom Mikroklima ihrer Überwinterungsstätten mit besonderer Berücksichtigung von Rapsglanzkäfer und Rübenblattwanze. Diplomarbeit, Landw. Fak. K.-M.-Univ. Leipzig.

Günthart, E. V. (1950a): Anwendungsmöglichkeiten von Insektiziden vom Typus Hexachlorcyclohexan. Verh. VIII. Int. Kongr. Ent. Stockholm 1950, S. 912 bis 915.

Günthart, E.V. (1950b): Hexa- und Chlordanpräparate zur Bekämpfung von Wurzelschädlingen. Mitt. Schweiz. Ent. Ges. **23**, 245–264.

Gupta, P. D. and A. J. Thorsteinson (1960a): Food plant relationships of the diamond-back moth (*Plutella maculipennis* (Curt.)). I. Gustation and olfaction in relation to botanical specificity of the larva. Ent. exp. appl. **3**, 241–250.

Gupta, P. D. and A. J. Thorsteinson (1960b): Food plant relationships of the diamond-back moth (*Plutella maculipennis* (Curt.)). II. Sensory regulation of oviposition of the adult female. Ent. exp. appl. **3**, 305–314.

Guy, H. G. (1936): Thiuram sulfides as repellents to leaf-feeding insects. J. econ. Ent. **29**, 467.

Guy, H. G. (1937): Investigations of organic compounds as insecticides. Delaware Agric. Expt. Sta. Bull. 206, 60 pp. (zitiert bei Matteson and Taft 1963).

Guy, H. G. and H. F. Dietz (1939): Further investigations with Japanese beetle repellents. J. econ. Ent. **32**, 248–252.

Haas, A. (1952): Die Mandibeldrüse als Duftorgan bei einigen Hymenopteren. Naturwiss. **39**, 484.

Hadaway, A. B. and F. Barlow (1953): Studies on aqueous suspensions of insecticides. Part IV. The behaviour of mosquitos in contact with insecticidal deposits. Bull. ent. Res. **44**, 255–271.

HALL, S. A., N. GREEN and M. BEROZA (1957): Insect repellents and attractants. J. agric. Food Chem. **5**, 663–669.

HALLER, H. L., F. ACREE, Jr. and S. F. POTTS (1944): The nature of the sex attractant of the female gypsy moth. J. Am. Chem. Soc. **66**, 1659–1662.

HAMMOND, H. G. (1929): Sulphur as a deterrent to june beetle (*Phyllophaga anxia* Lec.) oviposition in timothy sod. Ann. Rep. Quebec. Soc., Protect. Plants. **21**, 37–38 (zitiert bei DETHIER 1947).

HANNO, K. (1939): Anlockversuche bei *Lymantria monacha* L. Z. angew. Entomol. **25**, 628–641.

HANS, H. (Mrs. D. PESCHKEN) and A. J. THORSTEINSON (1961): The influence of physical factors and host plant odour on the induction and termination of dispersal flights in *Sitona cylindricollis* Fahr. Ent. exp. appl. **4**, 165–177.

HARCOURT, D. G. and L. N. CASS (1955): Toxicities of various insecticides to cucumber. Canad. J. agric. Sci. **35**, 19–26.

HASE, A. (1927): Aufgaben und Einrichtungen des Laboratoriums für physiologische Zoologie an der Biologischen Reichsanstalt für Land- und Forstwirtschaft zu Berlin-Dahlem nebst Beschreibung einiger neuer, daselbst gebauter Apparate. Zool. Anz. 1927, 151–183.

HASE, A. (1951): Wollschäden und Dauerschutz der Wolle durch „Eulan"-Behandlung. Mittl. biol. Zentralanstalt Land- u. Forstwirtsch. H. 72, Berlin, 56 S.

HAYS, S. B. and F. S. ARANT, (1960): Insecticidal baits for control of the imported fire ant, *Solenopsis saevissima richteri*. J. econ. Ent. **53**, 188–191.

HEAL, R. E. (1942): Evaluating protection of fabrics from clothes moth and carpet beetle attack. J. econ. Ent. **35**, 249–255.

HEATHCOTE, G. D. and J. WARD (1958): The preference shown by *Myzus persicae* (Sulz.) for brassica plants sprayed with wetting agents. Bull. ent. Res. **49**, 235 bis 237.

HECHT, O., O. MANCERA and A. BARRERA (1960): Relation of DDT-irritation threshold to knockdown of three species of anopheline mosquitoes. J. econ. Ent. **53**, 634–640.

HESSE, G., H. KNAUTH und R. WÄCHTER (1955): Fraßlockstoffe beim Fichtenrüsselkäfer *Hylobius abietis* L. Z. angew. Entomol. **37**, 239–244.

HINCKLEY, A. D. (1964): Fruit fly trapping in Fiji. J. econ. Ent. **57**, 297.

HOCKING, B. (1961): Further considerations regarding the repellency of spray components. Bull. ent. Res. **52**, 1–5.

HOCKING, B. (1963): The use of attractants and repellents in vector control. Vector control, Supp. Vol. **29**, Bull. World Health Organis. Genf, S. 121–126.

HOCKING, B. and I. S. LINDSAY (1958): Reactions of insects to the olfactory stimuli from the components of an insecticidal spray. Bull. ent. Res. **49**, 675–683.

HODSON, A. C. (1948): Further studies on lures attractive to the apple maggot. J. econ. Ent. **41**, 61–66.

HOFFMANN, Ch. (1961): Vergleichende Physiologie des Temperatursinnes und der chemischen Sinne. In: Fortschr. Zool. (Stuttgart) **13**, 190–256.

HOLBROOK, R. F. (1953): Gypsy moth sex attractant from Europe for use in trapping programm. J. econ. Ent. **46**, 355–357.

HOLBROOK, R. F., M. BEROZA and E. D. BURGESS (1960): Gypsy moth (*Porthetria dispar*) detection with the natural female sex lure. J. econ. Ent. **53**, 751–756.

HOLDEN, J. R. and G. M. FINDLAY (1944): Pyrethrum as a tsetse fly repellent: human experiments. Trans. Roy. Soc. Trop. Med. Hyg. **38**, 199–204.

HORNBY, H. E. and M.H. FRENCH (1943): Introduction to the study of the tsetse fly repellents in the field of veterinary science. Trans. Roy. Soc. Trop. Med. Hyg. **37**, 41–54.

HOSKINS, W. M. and R. CRAIG (1934): The olfactory responses of flies in a new type of insect olfactometer. 1. Theory and design of the olfactometer. J. econ. Ent. **27**, 1029–1036.

HOWELL, D. E. and F. A. FENTON (1944): The repellency of a pyrethrum-thiocyanate oil spray to flies attaching cattle. J. econ. Ent. **37**, 677–680.

HOWLETT, F. M. (1912): The effect of oil of citronella on two species of *Dacus*. Trans. Ent. Soc. London 1912, 412–418.

HUCKETT, H. C. (1941): Derris and the control of the Mexican bean beetle. J. econ. Ent. **34**, 566–571.

HUGHES, J. C. (1957): Olfactory stimulation of *Glossina palpalis* (R. D.) by combustion products from petrol engines. Bull. ent. Res. **48**, 581–583.

HUSAIN, S. and F. W. FISK (1955): Comparison of certain organic insecticides as sprays or baits against *Blatella germanica* (L.). J. econ. Ent. **48**, 576–578.

HUTNER, S. H., H. M. KAPLAN and E. V. ENZMANN (1937): Chemicals attracting *Drosophila*. Amer. Naturalist **71**, 575–581.

HYNES, H. B. N. (1953): A comparative study of anti-locust baits, with special reference to base materials. Bull. ent. Res. **44**, 693–702.

IKEDA, Y. (1957): A laboratory method for test of repellency against adult housefly. Insect repellents and attractants. Part I. Botyu-Kagaku **22**, 323–326.

IKEDA, Y. (1958a): On the estimation of efficiencies of pyrethrins and allethrins as fly repellent. Insect repellents and attractants. Part II. Botyu -Kagaku **23**, 33–36.

IKEDA, Y. (1958b): The olfactory repellencies of some esters of camphoric acid to culicine mosquitoes. Insect repellents and attractants. Part III. Botyu-Kagaku **23**, 63–65.

IKEDA, Y. (1958c): Response of adult housefly to certain volatilized insecticides. Insect repellents and attractants. IV. Botyu-Kagaku **23**, 99–102.

IKEDA, Y. (1958d): On the repellent efficiency of certain insecticides and their mode of action to adult housefly. Insect repellents and attractants. V. Botyu-Kagaku **23**, 102–107.

IKEDA, Y. (1958e): A method of determining the effectiveness of fly repellent in outdoor. Insect repellents and attractants. Part VI. Botyu-Kagaku **23**, 161–164.

IKEDA, Y. (1959a): Behavior of housefly to certain organic phosphorus insecticides. Insect repellents and attractants. VII. Botyu-Kagaku **24**, 22–25.

IKEDA, Y. (1959b): Difference in evaluating the effectiveness of a certain cockroach repellent by various testing methods . Insect repellents and attractants. VIII. Botyu-Kagaku **24**, 83–86.

IKEDA, Y. (1959c): Feeding preferences in certain species of adult cockroaches. Insect repellents and attractants. IX. Botyu-Kagaku **24**, 86–89.

IKEDA, Y. (1959d): Some simplified methods for the evaluation of the effectiveness of fly repellents in laboratory and outdoors. Insect repellents and attractants XI. Botyu-Kagaku **24**, 175–181.

INGLE, L. (1943): An apparatus for testing chemotropic responses of flying insects. J. econ. Ent. **36**, 108–110.

JACOBSON, M. (1960a): Proc. 136th National Am. Chem. Soc. Meeting. Cleveland, Ohio, April 6th (zitiert bei GOODHUE and HOWELL 1960).

JACOBSON, M. (1960b): Synthesis of a highly potent gypsy moth sex attractant. J. Org. Chem. **25**, 2074.

JACOBSON, M. (1965): Insect sex attractants. New York, 154 S.

JACOBSON, M., M. BEROZA and W. A. JONES (1961): Insect sex attractants. I. The isolation, identification and synthesis of the sex attractant of gypsy moth. J. Am. Chem. Soc. **83**, 4819–4824.

JACOBSON, M., M. BEROZA and R. T. YAMAMOTO (1963): Isolation and identification of the sex attractant of the American cockroach. Science **139**, 48–49.

JACOBSON, M. and W. A. JONES (1962): Insect sex attractants II. The synthesis of a highly potent gypsy moth sex attractant and some related compounds. J. Org. Chem. **27**, 2523–2534.

JERMY, T. (1958): Untersuchungen über Auffinden und Wahl der Nahrung beim Kartoffelkäfer. (*Leptinotarsa decemlineata* Say.). Ent. exp. appl. **1**, 197–208.

JERMY, T. (1960): Über die Nahrungsspezialisation phytophager Insekten. Wissensch. Pflanzenschutzkonferenz Budapest 1960, 327–332.

JERMY, T. (1961): Néhány szervetlen só rejektiv hatàsa a burgonyabogàr (*Leptinotarsa decemlineata* Say) imàgóira és lárváira. Ann. Inst. Prot. Plant. Hungarici **8**, 121–130.

JOHANSEN, C. (1960): Bee repellent combined with dieldrin or sevin in bee poisoning tests in alfalfa. J. econ. Ent. **53**, 1010–1012.

JOHNSON, C. G. (1947a): J. Trop. Med. Hyg. **50**, 32 (zitiert bei DETHIER 1956).

JOHNSON, C. G. (1947b): Brit. Med. J. 1, 92–93 zitiert bei DETHIER 1956).

JOHNSON, C. G. and P. F. ENTWISTLE (1959): *Marmara* incidence. Ann. Rep. W.A.C.R.I. 1957/58, 38–41.

JONES, P. A., H. C. COPPEL, and J. E. CASIDA (1965): Collection of additional sex attractant from the virgin female introduced pine sawfly. J. econ. Ent. **58**, 465–466.

JOYCE, R. J. V. (1956): Insect mobility and design of field experiments. Nature **177**, 282–283.

KALMUS, H. and B. HOCKING (1960): Behavior of *Aedes* mosquitos in relation to blood-feeding and repellents. Ent. exp. appl. **3**, 1–26.

KARLSON, P. (1960): Pheromones. Ergebn. Biol. **22**, 212–225, Ber. wiss. Biol. **147**, 294.

KARLSON, P. and A. BUTENANDT (1959): Pheromones (ectohormones) in insects. Ann. Rev. Entomol. **4**, 39–58.

KARLSON, P. und M. LÜSCHER (1959a): Pheromone. Ein Nomenklaturvorschlag für eine Wirkstoffklasse. Naturwiss. **46**, 63–64.

KARLSON, P. und M. LÜSCHER (1959b): „Pheromones": A new term for a class of biologically active substances. Nature **183**, 55–56.

KASMAN, S., L. A. O. ROADHOUSE and G. F. WRIGHT (1953): Studies in testing insect repellents. Mosquito News **13**, 116–123.

KAYSING (1933): Neue Wege der Schädlingsbekämpfung. Dt. Forstbeamte **1**, 466–468, 490–492, 506–508.

KELLER, J. C., T. B. DAVICH, F. G. MAXWELL, J. N. JENKINS, E. B. MITCHELL and P. HUDDLESTON (1965): Extraction of a boll weevil attractant from the atmosphere surrounding growing cotton. J. econ. Ent. **58**, 588–589.

KELLER, J. C., F. G. MAXWELL and J. N. JENKINS (1962): Cotton extracts as arrestants and feeding stimulants for the boll weevil. J. econ. Ent. **55**, 800–801.

KELLER, J. C., F. G. MAXWELL, J. W. JENKINS and T. B. DAVICH (1963): A boll weevil attractant from cotton. J. econ. Ent. **56**, 110–111.

KELLER, J. C., E. B. MITCHELL, G. MCKIBBEN and T. B. DAVICH (1964): A sex attractant for female boll weevils from males. J. econ. Ent. **57**, 609–610.

KENNEDY, J. S. (1940): The visual responses of flying mosquitoes. Proc. zool. Soc. Lond. (A) **109**, 221–242.

KENNEDY, J. S. (1947): The excitant and repellent effects on mosquitoes of sublethal contacts with DDT. Bull. ent. Res. **37**, 593–607.

KENNEDY, J. S. (1958): The experimental analysis of aphid behaviour and its bearing on current theories of instinct. Proc. Intern. Congr. Entomol. 10th Meeting, Montreal, Que., 1956, **2**, 397–404.

KILGORE, L. B. (1939): Insect repellents: A study of comparative repellency by the sandwich-bait method using confined house flies. Soap **15** (6): 103, 105, 107, 109, 111, 123.

KING, W. V. (1951): Repellents and insecticides available for use against insects of medical importance. J. econ. Ent. **44**, 338–343.

KING, W. V. and J. B. GAHAN (1949): J. econ. Ent. **42**, 405–409 (zitiert bei DETHIER 1956).

KIRSCHENBLATT, J. D. (1957): Die Klassifikation einiger biologisch aktiver Stoffe, die von Tieren erzeugt werden. (Russisch). Arb. d. Leningrader Ges. d. Naturforscher, **73** (4), 225–228.

KIRSCHENBLATT, J. D. (1959): Die Telergone und ihre biologische Bedeutung. Sowjetwissenschaft, Naturwiss. Beiträge, 1959 (10), 1028–1044 (Aus.: Ergebnisse d. modernen Biologie (russisch)**46**, No. **3**, (6) 322–336, 1958).

KLINGLER, J. (1957): Über die Bedeutung des Kohlendioxyds für die Orientierung der Larven von *Otiorrhynchus sulcatus* F., *Melolontha* und *Agriotes* (Col.) im Boden. Mitt. Schweiz. Ent. Ges. **30**, 317–322.

KLINGLER, J. (1958): Die Bedeutung der Kohlendioxyd-Ausscheidung der Wurzeln für die Orientierung der Larven von *Otiorrhynchus sulcatus* F. und anderer bodenbewohnender phytophager Insektenarten. Mitt. Schweiz. Ent. Ges. **31**, 205–269.

KLINGLER, J. (1959): Anziehung von Collembolen und Nematoden durch Kohlendioxyd-Quellen. Mitt. Schweiz. Ent. Ges. **32**, 311–316.

KNAUTH, H. und W. MADEL (1955): Über die Ergebnisse der im Schwarzwald und Hunsrück von 1952–1954 durchgeführten Freilandversuche zur Anlockung des Großen Braunen Fichtenrüsselkäfers, *Hylobius abietes* L., mit Lockfallen. Z. angew. Entomol. **37**, 245–249.

KÖHLER, P. (1939): Die Bekämpfung der Argentinischen Schwarmheuschrecken und neue Studien zur Verbesserung der Vernichtungsmethoden. Verhandl. VII. Intern. Kongr. Entomol. B. IV.

KULLENBERG, B. (1956): Field experiments with chemical sexual attractants on aculeate *Hymenoptera* males I. Zool. Bidrag Uppsala **31**, 253–354.

LABRECQUE, G. C. and H. G. WILSON (1959): Laboratory tests with sixty-five compounds as repellents against house flies. Fla. Ent. **42**, 175–177.

LAERE, O. van und A. GILLARD (1959): Die Anwendung von Abschreckstoffen (Repellents) gegenüber Bienen. (Het gebruik van scheikundige afweerstoffen (repellents) tegen bijen.) Parasitica (Gembloux) **15**, 53–70, Gent, Rijksstat. voor Insektenkunde.

LANGE, R. (1959): Zur Trennung von *Formica rufa* L. und *Formica polyctena* Först. (Hym., *Formicidae*). Der artspezifische Duft. Z. angew. Entomol. **45**, 188–197.

LANGE, R. (1960): Über die Futterweitergabe zwischen Angehörigen verschiedener Waldameisen (Zugleich ein Beitrag zum Problem des Nestduftes bei den Ameisen). Z. Tierpsychol. **17**, 389–401.

LANGENBUCH, R. (1952): Ist das Fehlen eines „Fraßstoffes" oder das Vorhandensein eines „Vergällungsstoffes" die Ursache für die Resistenz der Wildkartoffel *Solonum chacoense* Bitt. gegenüber dem Kartoffelkäfer? Z. Pflanzenkrankh. Pflanzenschutz **59**, 545–571.

LA PIDUS, J. B., R. W. CLEARY, R. H. DAVIDSON, F. W. FISK and M. G. AUGUSTINE (1963): Chemical factors influencing host selection by the Mexican bean beetle *Epilachna varivestis* Muls. J. agric. Food Chem. **11**, 462–463.

LAUDANI, H. and D. F. DAVIS (1955): The status of federal research on the development of insect-resistant packages. Tappi **38**, 322–326.

LAUDANI, H., D. F. DAVIS and G. R. SWANK (1955): A laboratory method of evaluating the repellency of treated paper to stored-product insects. Tappi **38**, 336–341.

LAUDANI, H. and G. R. SWANK (1954): A laboratory apparatus for determining repellency of pyrethrum when applied to grain. J. econ. Ent. 1104–1107.

LEA, A.: Laboratory tests with baits containing benzene hexachloride against locust hoppers. Union South Afr., Dep. Agr., Sci. Bull. No. 300 (Locust research Ser. No. 11) 16 S. Ref.: Z. Pflanzenkrankh. Pflanzenschutz **57**, 436 (1950).

LEE, SUNG-YANG (1962): The mode of action of endrin on the bean stem miner, *Melanagromyza sojae*, with special reference to its translocation in soybean plants. J. econ. Ent. **55**, 956–964.

LEGNER, E. F. and D. W. DAVIS (1962): Tests with attractants and a simple trap for the European earwig, *Forficula auricularia*. J. econ. Ent. **55**, 1006–1007.

LEEUWEN, E. R. van (1948): Attractiveness of pinetar oil in baits for codling moth control. J. econ. Ent. **41**, 345–351.

LEHMAN, R. S. (1932): Experiments to determine the attractiveness of various aromatic compounds to adults of the wireworms, *Limonius* (*Pheletes*) *canus* Lec. and *Limonius* (*Pheletes*) *californicus* Mann. J. econ. Ent. **25**, 949–958.

LIEBERMAN, F. V., G. E. BOHART, G. F. KNOWLTON and W. P. NYE (1954): Additional studies on the effect of field applications of insecticides on honey bees. J. econ. Ent. **47**, 316–320.

LILLY, J. H. (1953): Treatments for soil insects. Proc. Eighth Annual Hybrid Corn Industry-research Conf. 8, 76–92.

LINDAUER, M. und H. MARTIN (1963): Über die Orientierung der Biene im Duftfeld. Naturwiss. **50**, 509–514.

LINDQUIST, A. W., A. H. MADDEN and C. N. WATTS (1944): The use of repellents against fleas. J. econ. Ent. **37**, 485–486.

LINDUSKA, J. P. and F. A. MORTON (1947): Determining the repellency of solid chemicals to mosquitoes. J. econ. Ent. **40**, 562–564.

LINSLEY, E. G. and J. W. MCSWAIN (1947): The effects of DDT and certain other insecticides on alfalfa pollinators. J. econ. Ent. **40**, 358–363.

LIPP, J. W. (1934): The effectiveness of paradichlorobenzene and naphthalene in preventing oviposition by the Japanese beetle. J. econ. Ent. **27**, 500–502.

LOEFFLER, E. S. and W. M. HOSKINS (1946): Toxicity and repellency of certain organic compounds to larvae of *Lucilia sericata*. J. econ. Ent. **39**, 589–597.

LOFGREN, C. S., F. J. BARTLETT and C. E. STRINGER (1963): Imported fire ant toxic bait studies: Evaluation of carriers for oil baits. J. econ. Ent. **56**, 62–66.

LONG, W. H. and J. H. LILLY (1958): Wireworm behaviour in response to chemical seed treatments. J. econ. Ent. **51**, 291–295.

LOPEZ, D. (F.) (1963): Two attractants for *Eulaema tropica* L. J. econ. Ent. **56**, 540.

LÖSCHNIG, J. (1932): Bekämpfung der Engerlinge. Landwirtschaft., 1932, 116 bis 117, Wien.

LUCKMANN, W. H. (1960): Increase of European corn borers following soil application of large amounts of dieldrin. J. econ. Ent. **53**, 582–584.

MAJOR, R. T. and H. J. TIETZ (1962): Modification of the resistance of *Ginkgo biloba* leaves to attack by Japanese beetles. J. econ. Ent. **55**, 272.

MARLOWE, R. H. (1940): Some deterrents as a control for the melonfly. U. S. Dep. Agr., Bur. Entomol. Plant Quarantine Circ. E-510.

MARSHALL, J. (1935): On the sensitivity of the chemoreceptors on the antenna and foretarsus of the honeybee, *Apis mellifica* L. J. exper. Biol. **12**, 17–26.

MARTIN, H. (1961): Guide to the chemicals used in crop protection. Canada Dep. Agric., Publ. 1093 (4. Ed.) London, Ontario, 387 S.

MASON, H. C. (1963): Baited traps for sampling *Drosophila* populations in tomato field plots. J. econ. Ent. **56**, 897–899.

MASON, H. C., T. J. HENNEBERRY and H. C. GIBSON (1963): Attraction of insecticide baits to adults of *Drosophila melanogaster*. J. econ. Ent. **56**, 725–727.

MATSUMOTO, Y. (1962): A dual effect of coumarin, olfactory attraction and feeding inhibition, on the vegetable weevil adult, in relation to the uneatability of sweet clover leaves. Studies on the host plant determination of leaf-feeding insects VI. Jap. J. appl. Ent. **5**, 141–149, Tokyo.

Matteson, J. W. and H. M. Taft (1963): Carbamate-induced systemic repellency to the boll weevil on cotton. J. econ. Ent. **56**, 892–893.

Matteson, J. W., H. M. Taft and C. F. Rainwater (1963): Chemically induced resistance in the cotton plant to attack by the boll weevil. J. econ. Ent. **56**, 189–192.

Maxwell, F. G., J. N. Jenkins, J. C. Keller and W. L. Parrott (1963a): An arrestant and feeding stimulant for the boll weevil in water extracts of cotton-plant parts. J. econ. Ent. **56**, 449–454.

Maxwell, F. G., J. N. Jenkins and J. C. Keller (1963b): A boll weevil repellent from the voltatile substance of cotton. J. econ. Ent. **56**, 894–895.

Mayer, K. (1957): Der Einfluß ökologischer Faktoren auf das parasitäre Verhalten von Insekten. Ber. Hundertjahrfeier Dtsch. Entomol. Ges. Berlin 30. Sept. bis 5. Okt. 1956, S. 122–134.

Mayer, K. (1960): Verhaltensstudien bei Eiparasiten der Gattung *Trichogramma* (Hym. *Chalcididae*). Mitt. Biol. Bundesanst. **100**, 3–10.

Mayer, K. (1961): Die Bedeutung der Reizstrukturen für die Wirkung von Lockstoffen in Insektenfallen. Kurzreferat d. Vortrags auf 13. internat. Pflanzenschutz-Symposium, Rijklandbouhogeschod, Gent, 9. Mai 1961.

McCulloch, R. N. and D. F. Waterhouse (1947): Commonwealth Australia Council Sci. Ind. Research Bull. **213**, 1–28 (zitiert bei Busvine 1957).

McGregor, E. G. (1948): Odour as a basis for orientated movements in ants. Behaviour **1**, 267–296.

McIndoo, W. E. (1926a): Senses of the cotton boll weevil—an attempt to explain how plants attract insects by smell. J. agric. Res. **33**, 1095–1141.

McIndoo, W. E. (1926b): An insect olfactometer. J. econ. Ent. **19**, 545–571.

McIndoo, W. E. (1933): Olfactory responses of blowflies, with and without antennae, in a wooden olfactometer. J. agric. Res. **46**, 607–625.

McKinlay, K. S. (1953): Use of repellents to simplify insecticide field trials. Nature **171**, 658.

McPhail, M. (1937): Relation of time of day, temperature and evaporation to attractiveness of fermenting sugar solution to Mexican fruit fly. J. econ. Ent. **30**, 793–799.

Menke, H. F. (1954): Repellency of toxaphene dust and parathion spray to *Nomia melanderi* in blossoming alfalfa. J. econ. Ent. **47**, 539–540.

Merker, E. (1953): Lockstoffe und Nährstoffe in Wirtspflanzen einiger Waldschädlinge. Allg. Forst- und Jagdztg. **124**, 138–144.

Merker, E. und K. G. Adlung (1956): Das Auffinden der Wirtspflanzen durch fliegende Fichtenblattwespen. Naturwiss. **43**, 286.

Metcalf, C. L. and W. P. Flint (1962): Destructive and useful insects. 4. Aufl. 1939, New York, San Francisco, Toronto, London, 1087 S.

Metcalf, R. L., A. D. Hess, C. E. Smith, G. M. Jeffery and G. L. Ludwig (1945): Observations on the use of DDT for the control of *Anopheles quadrimaculatus*. Publ. Hlth. Rep. **60**, 753–774.

Metzger, F. W. and D. H. Grant (1932): Repellency to the Japanese beetle of extracts made from plants immune to attack. U. S. Dept. Agric. Tech. Bull. 299, 21 S.

Meyer, E. (1942): Versuche mit chemischen Vergrämungsmitteln zur Verhinderung der Eiablage des Maikäfers auf landwirtschaftlich genutzten Flächen. Z. Pflanzenkrankh. Pflanzenschutz **52**, 131–153.

Minnich, D. F. (1924): The olfactory sense of the cabbage butterfly *Pieris rapae* Linn., an experimental study. J. exper. Zool. **39**, 339–356.

MITSCHERLICH und RAUSCH (1950): Neue Erfahrungen in der Bekämpfung des *Hylobius abietis* und des *Hylastes cunicularius*. Forst und Holz **5**, 196–197.

MONTEITH, L. G. (1955): Host preference of *Drino bohemica* Mesn. (*Diptera: Tachinidae*), with particular reference to olfactory responses. Canad. Ent. **87**, 509–530.

MONTEITH, L. G. (1958): Influence of food plant of host on attractiveness of the host of tachinid parasites with notes on preimaginal conditioning. Canad. Ent. **90**, 478–482.

MONTHEITH, L. G. (1960): Influence of plants other than the food plants of their host on hostfinding by tachinid parasites. Canad. Ent. **92**, 641–652.

MOORE, R. H. (1928): Odorous constituents of the corn plant in their relation to the European corn borer. Univ. Oklahoma Bull. 8 (30), 16–18 (zitiert bei DETHIER 1947).

MOORE, W. (1922): The reaction of the Japanese beetle to arsenical spray deposits. J. econ. Ent. **15**, 67–70.

MORGAN, A. C. and S. E. CRUMB (1928): Notes of the chemotropic responses of certain insects. J. econ. Ent. **21**, 913–920.

MORTON, F. A., B. V. TRAVIS and J. P. LINDUSKA (1947): Evaluation of mosquito repellents. U.S.D.A., Bur. Ent. & Pl. Quar. E-733. 235 S.

MOUCHET, J. &. P. CAVALIE (1961): L'irritabilité vis a vis du DDT d'*Anopheles gambiae* et d'A. funestus dans le Nord-Cameroun. Riv. Malariol. **40** (4–6), 191–219, Ministêre de la Santé Publique du Cameroun, Servical d'Hygiene mobile et de Prophylaxie.

MUIRHEAD-THOMSON, R. C. (1949): DDT and 'Gammexane' as residual insecticides against *Anopheles gambiae* in African houses. Nature **163**, 109–110.

MUIRHEAD-THOMSON, R. C. (1950): Trans. Roy. Soc. Trop. Med. Hyg. **43**, 401–412 (zitiert bei DETHIER 1956).

MULLA, M. S. (1963): Chemical repellents for *Hippelates* eye gnats. – A method and procedure for evaluation. J. econ. Ent. **56**, 753–757.

MULLA, M. S., R. W. DORNER, G. P. GEORGHIOU and M. J. GARBER (1960): Olfactometer and procedure for testing baits and chemical attractants against *Hippelates* eye gnats. Ann. Ent. Soc. Amer. **53**, 529–537.

MÜLLER, H.J. (1941): Weitere Beiträge zur Biologie des Rapsglanzkäfers, *Meligethes aeneus* F. (Über das Winterlager und die Massenbewegung im Frühjahr). Z. Pflanzenkrankh. Pflanzenschutz **51**, 529–595.

MÜLLER, H. J. (1958): The behaviour of *Aphis fabae* in selecting its host plants, especially different varietis. Ent. exp. appl. **1**, 66–72.

MÜLLER, H. J. (1962): Über die Ursachen der unterschiedlichen Resistenz von *Vicia faba* L. gegenüber der Bohnenblattlaus, *Aphis* (*Doralis*) *fabae* Scop. VIII. Das Verhalten geflügelter Bohnenläuse nach der Landung auf Wirten und Nichtwirten. Ent. exp. appl. **5**, 189–210.

MÜLLER, H. J. (1965): Das Beziehungsgefüge zwischen Blattläusen und (landwirtschaftlichen) Kulturpflanzen als Beispiel eines Zyklus autökologischer Phasen. Züchter **35**, 14–24.

MUNAKATA, K., T. SAITO, S. OGAWA and S. ISHII (1959): Bull. Agr. Chem. Soc. Japan **23**, 64–65 (1959) (zitiert bei THORSTEINSON 1960).

MURR, L. (1930): Über den Geruchssinn der Mehlmottenschlupfwespe *Habrobracon juglandis* Ashmead, zugleich ein Beitrag zum Orientierungsproblem. Z. vgl. Physiol. **11**, 210–270.

MUSGRAVE, A. J. (1951): Some results of an investigation of the repellent effects of DDT to the honey bee. Ann. Rept. Ent. Soc. Ontario **81**, 89–91.

NAIR, C. P. (1951): Nature **167**, 74–75 (zitiert bei DETHIER 1956).

NAYAR, J. K. and G. FRAENKEL (1963): The chemical basis of the host selection in the Mexican bean beetle, *Epilachna varivestis* (*Coleoptera, Coccinellidae*). Ann. ent. Soc. Amer. **56**, 174–178.

NEFF, D. L. and E. S. VANDERZANT (1963): Methods of evaluating the chemotropic response of boll weevils to extracts of the cotton plant and various other substances. J. econ. Ent. **56**, 761–766.

NELSON, W. T. A. (1960): Field tests of some hydrolyzed proteins as lures for the apple maggot *Rhagoletis pomonella* (Walsh.) Canad. Ent., Fredericton, **92**, 464 bis 467.

NELSON, W. T. A. and C. W. MAXWELL (1964): Field tests with a malathion bait spray for control of the apple maggot, *Rhagoletis pomonella*. J. econ. Ent. **57**, 192–194.

NIEMCZYK, H. D. (1965): The response of *Hylemya antiqua* adults to hydrolized proteins and other materials: a laboratory study. J. econ. Ent. **58**, 425–428.

NISHIDA, T. (1958): The influence of yeast hydrolysate on the behaviour of the melon fly. J. econ. Ent. **51**, 140–143.

NISHIDA, T., H. A. BESS and A. OTA (1957): Comparative effectiveness of malathion and malathion-yeast hydrolysate bait sprays for control of the melon fly. J. econ. Ent. **50**, 680–684.

NOLTE, H.-W. (1940): Neue Erfahrungen zur Dykschen Nonnenanlockmethode. Zbl. ges. Forstwesen **66**, 197–206, 252–267.

NOLTE, H.-W. und R. FRITZSCHE (1954): Untersuchungen zur Bekämpfung der Rapsschädlinge. II. Die Bekämpfung des Rapserdflohs (*Psylliodes chrysocephala* L.) durch Bodenbehandlung mit Hexa-Mitteln. Nachrichtenbl. Dt. Pflanzenschutzdienst, H. 4, 1954.

NONVEILLER, G. (1958): O ponašanju nesparene ženke malih gundelja sa osvrtom na funkciju dodatnih zlezda zenskog polnog aparata. Zaštita bilja., br. 49–50, Beograd, S. 175–181. Ref.: Anz. Schädlingskde. **34** (1961), 14.

NOVAK, V. J. A. (1960): Insektenhormone. Tschech. Akad. Wiss., Prag, 284 S.

NOVAK, V. (1965): Ein neuer Typ von Fallen zur Bekämpfung des Rüsselkäfers *Hylobius abietis* L. Anz. Schädlingskde. **38**, 88–90.

OATMAN, E. R. (1964): Apple maggot trap and attractant studies J. econ. Ent **57**, 529–531.

OHNESORGE, B. (1953): Der Einfluß von Geruchs- und Geschmacksstoffen auf die Wahl der Fraßpflanzen beim Großen Braunen Rüsselkäfer. Beitr. Ent. **3**, 437 bis 468.

OLSON, T. A. and R. G. DAHMS (1946): Observations on the tropical rat mite, *Liponyssus bacoti*, as an ectoparasite of laboratory animals and suggestions for its control. J. Parasitol. **32**, 56–60.

ORPHANIDIS, P. S., R. E. DANIELIDOU-PHYITZA & C. D. SOULTANOPOULOS (1962a): Attractivité exercée sur les adults du *Dacus oleae* Gmel. par certaines substances, attractives nouvelles, appliquées sur les oliviers par pulvérisation. (Etude de quelques facteurs qui influencent ce phénoméne). Ann. Inst. phytopath. Benaki (N. S.) **4**, 10–28. Athen. Ref.: Rev. appl. Ent. **52** (1964), 576–577.

ORPHANIDIS, P. S., R. E. DANIELIDOU-PHYTIZA & G. D. SOULTANOPOULOS (1962b): Contribution à l'étude de l'influence de l'eau sur l'intensité du phénomène de l'attraction d'adultes du *Dacus oleae* Gmel. par diverses substances attractives. Ann. Inst. phytopath. Benaki (N. S.) **4**, 39–51. Ref.: Rev. appl. Ent. **52** (1964), 576–577.

ORPHANIDES, P. S., C. D. SOULTANOPOULOS & R. E. DANIELIDOU-PHYTIZA (1962): Attractivité exercée sur le *Dacus oleae* Gmel. par diverses substances organiques non protéinées. Ann. Inst. phytopath. Benaki (N. S.) **4** (1), 39–51. Ref.: Rev. appl. Ent., Ser. A **52** (1964), 576–577.

ORR, L. W. (1931): Studies on natural vs. artificial control of the pine tortoise scale. Minn. Agr. Exp. Sta. Techn. Bull. **79**, 1–19.

OSBURN, M. R. (1934): Experiments with rotenone and derris to repel the Japanese beetle (*Popillia japonica* Newm.) J. econ. Ent. **27**, 293.

OTTO, E. (1949): Untersuchungen zur Frage der geruchlichen Orientierung bei Insekten. Zool. Jahrb., Abt. 3, Allgem. Zool. Physiol. **62**, 65–92.

OUYE, M. T. and B. A. BUTT, (1962): A natural sex lure extracted from female pink bollworms. J. econ. Ent. **55**, 419–421.

OWEN (1953): Beobachtungen bei einer Hornissenbekämpfung. Pflanzenschutz (München) **5**, 158.

PALMER-JONES, T., I. W. FORSTER and G. L. JEFFERY (1959): Effect on honey bees of DDT and Thiodan applied from the air as sprays to chou moellier. N. Z. J. agric. Res. **2**, 481–487.

PAULINI, E. and I. RICCIARDI (1954): The repellent effect of pyrethrin vapour to *Culex fatigans*. Trans. Roy. Soc. Trop. Med. Hyg. **48**, 276–277.

PEARSON, E. O. (1954): The control of pests of cotton in tropical Africa. Proc. 6th Symp. Colston Res. Soc. Univ. Bristol Pub., London.

PEREZ, R. and W. H. LONG (1964): Sex attractant and mating behavior in the sugarcane borer. J. econ. Ent. **57**, 688–690.

PETERS, W. (1956): Experimentelle Untersuchungen zur Wirkungsweise insektenabwehrender Mittel (Repellents). Z. angew. Zool. **43**, 1–75.

PETTY, B. K. (1946): Miscellaneous DDT studies, with special reference to some common agricultural pests. Sci. Bull. Dep. Agr. S. Africa, Nr. 276. Ref.: Rev. appl. Ent. Ser. A. **37** (1949), 178.

PIELOU, D. P. (1954): Apparatus for studying behavior responses of insects to olfactory stimuli in still air. Canad. J. Zool. **32**, 209–214.

PIERPONT, R. L. (1939): Japanese beetle control tests on American elm trees in Delavare. J. econ. Ent. **32**, 253–255.

POENICKE, E., Sen. (1933): Engerlings-Gefahr. Möllers Dt. Gärtner-Zeitg. **48**, 368.

RAHM, U. (1956): Zum Problem der Attraktion von Stechmücken durch den Menschen. Acta trop. **13**, 319–344.

RAHM, U. (1957): Zur Bedeutung des Schweißes bei der Attraktion von *Aedes aegypti* durch den Menschen. Acta trop. **14**, 208–217.

RAHM, U. (1958): Die attraktive Wirkung der vom Menschen abgegebenen Duftstoffe auf *Aedes aegypti* L. Z. Tropenmed. Parasit. **9**, 146–156.

RATTAN LAL, P. E. SRIVASTAVA and P. DHAR (1961): Efficacy of insecticide impregnated jute bags against *Sitophilus oryzae* Linnaeus (*Curculionidae*: *Coleoptera*). Indian J. Ent. **22**, 204–210.

REED, M. R. (1938): The olfactory reactions of *Drosophila melanogaster* Meigen to the products of fermenting banana. Physiol. Zool. **11**, 317–325.

REGNIER, R. and J. ARNOUX (1946): Recherches sur la biologie des vers blancs de première année (*Melolontha melolontha* L.). Etude des moyens de lutte Compt. rend. Acad. Agr. France **32**, 807–811 (zitiert bei GODAN 1958).

RIBBANDS, E. R. (1946): Repellency of pyrethrum and lethane sprays to mosquitos. Bull. ent. Res. **37**, 163–172.

RICHMOND, E. A. (1927): Olfactory response of the Japanese beetle (*Popillia japonica* Newm.). Proc. Ent. Soc. Wash. **29**, 36–44.

RICHTER, G. (1951): Laboratoriumserhebungen im Dienste der Engerlingsbekämpfung mit Hexa- und Estermitteln. Forstwirtsch. Holzwirtsch. **5**, 112–117.

RIETH, G. (1937): Ein Versuch zur Vergrämung von Maikäferweibchen. Anz. Schädlingskde. **14**, 18–21.

RIPLEY, L. B. and G. A. HEPBURN (1929): Studies on reactions of the Natal fruitfly to fermenting baits. Union S. Africa, Dep. Agric. Ent. Mem. **8**, 19–53.

RIPLEY, L. B. and G. A. HEPBURN (1931): Further studies on the olfactory reactions of the Natal fruitfly, *Pterandrus rosa* Ksh. Union S. Africa, Dep. Agric., Mem. **7**, 24–81.

ROADHOUSE, L. A. O. (1953): Laboratory studies on insect repellency. Canad. J. Zool. **31**, 535–546.

ROBERTS, R. H., C. M. JONES and E. E. GLESS (1960): Methods for the evaluation of stable fly toxicants and repellents. J. econ. Ent. **53**, 301–303.

ROEMER, Th., A. SCHEIBE, J. SCHMIDT und E. WOERMANN (1952): Handbuch der Landwirtschaft. 2. Aufl. Bd. 5. I. B. Ackerbaulehre, Berlin, Hamburg.

ROGOFF, W. M. (1952): The repellency of chlordane, DDT and other residual insecticides to greenhouse thrips. J. econ. Ent. **45**, 1065–1071.

ROLAND, G. (1953): Sur un essai de lutte contre les pucerons en vue de limiter la propagation des virus attraquant la pomme terre. Parasitica **9**, 6–10.

RÖNNEBECK, W. (1950): Zur Frage der chemischen Bekämpfung der Grünen Pfirsichblattlaus (*Myzodes persicae* Sulzer) als Virusüberträger im Kartoffelfeld. Z. Pflanzenbau Pflanzenschutz **1**, 119–132.

ROTH, L. M. and T. EISNER (1962): Chemical defenses of arthropodes. Ann. Rev. Entomol. **7**, 107–136.

ROTH, L. M. and E. R. WILLIS (1952): A study of cockroach behaviour. Amer. Midland Naturalist **47**, 66–129.

ROYS, Ch. (1954): Olfactory nerve potentials a direct measure of chemoreception in insects. Ann. New York Acad. Sci. **58**, 250–255.

RUDINSKY, J. A. (1963): Response of *Dendroctonus pseudotsugae* Hopkins to volatile attractants. Contr. Boyce Thompson Inst. **22** (1), 23–38, Yonkers N. Y.

RUDMAN, P. and F. J. GAY (1961): The causes of natural durability in timber. V. The role of extractives in the resistance of tallowwood (*Eucalyptus microcorys* F. Muell.) to attack by the subterranean termite *Nasutitermes exitiosus* (Hill). Holzforschung **15**, 50–53. VI. Measurement of antitermitic properties of anthroquinones from *Tectona grandis* L. f. by a rapid semi–micromethod. dto. **15**, 117 bis 120. Ref.: Ann. appl. Ent. **51**, 110.

SANDERMANN, W. and H. H. DIETRICHS (1957): Untersuchungen über termitenresistente Hölzer. Holz. Roh- u. Werkst. **15**, 281–297.

SARKARIA, D. S. and A. W. A. BROWN (1951): Studies on the responses of the female *Aedes mosquito*. Part II: The action of liquid repellent compounds. Bull. ent. Res. **42**, 115–122.

SCHAERFFENBERG, B. and E. KUPKA (1959): Der attraktive Faktor des Blutes für blutsaugende Insekten. Naturwiss. **46**, 457–458.

SCHANZ, M. (1953): Der Geruchssinn des Kartoffelkäfers (*Leptinotarsa decemlineata* Say). Z. vergl. Physiol. **35**, 353–379.

SCHEDL, K. E. (1936): Der Schwammspinner (*Porthetria dispar* L.) in Euroasien, Afrika und Neuengland. Monographien angew. Entomol. Nr. 12, 242 S.

SCHILDKNECHT, H. und H. WEIS (1960a): IV. Mitteilung über Insektenabwehrstoffe. Über das flüchtige Sekret vom Totenkäfer (*Blaps mortisaga* L.). Z. Naturforschg. **15**, 200.

SCHILDKNECHT H. und H. WEIS (1960b): VI. Mitteilung über Insektenabwehrstoffe. Zur Kenntnis des Pygidialdrüsen-Sekrets vom gemeinen Ohrwurm, *Forficula auricularia*. Z. Naturforsch. **15**, 755–757.

SCHILDKNECHT, H. und H. WEIS (1960c): VII. Mitteilung über Insektenabwehrstoffe. Über die Tenebrioniden-Chinone bei lebendem und totem Untersuchungsmaterial. Z. Naturforsch. **15**, 757–758.

SCHIMITSCHEK, E. (1949): Bekämpfung des großen braunen Rüsselkäfers mit Kontaktinsektiziden. Österreichs Forst- und Holzwirtsch. **4**, 263.

SCHMIDT, E. (1952): Bekämpfung der Pfirsichblattlaus in Kartoffelbeständen. Höfchen-Briefe **5**, 75–81.

SCHMUTTERER, H. (1956): Erfahrungen bei der Bekämpfung der Rübsenblattwespe *Athalia colibri* Christ. (= *A. rosae* L.) mit Toxaphen, E 605, Systox und Metasystox. Anz. Schädlingskde. **29**, 68–70.

SCHNEIDER, D. (1955): Mikroelektroden registrieren die elektrischen Impulse einzelner Sinnesnervenzellen der Schmetterlingsantenne. Industrie-Elektronik 1955 (3/4), 3–7.

SCHNEIDER, D. (1957a): Electrophysiological investigation on the antennal receptors of the silk moth during chemical and mechanical stimulation. Experientia **13**, 89–91.

SCHNEIDER, D. (1957b): Elektrophysiologische Untersuchungen von Chemo- und Mechanorezeptoren der Antenne des Seidenspinners *Bombyx mori* L. Z. vergl. Physiol. **40**, 8–41.

SCHNEIDER, D. (1962): Electrophysiological investigation on the olfactory specifity of sexual attracting substances in different species of moths. Insect Physiol. 8, 15–30.

SCHNEIDER, D. und E. HECKER (1956): Zur Elektrophysiologie der Antenne des Seidenspinners *Bombyx mori* bei Reizung mit angereicherten Extrakten des Sexuallockstoffes. Z. Naturforschg. **11** b, 121.

SCHNEIDER, F. (1950): Vergleichende Bekämpfungsversuche gegen Maikäfer (*Melolontha vulgaris*) mit Hexa und DDT in Alpnach (Obwalden). Schweiz Z. Obst- u. Weinbau **59**, 397, 425.

SCHNEIDER, F. (1958): Sinnesphysiologische Untersuchungen im Dienste der landwirtschaftlichen Entomologie. Mitt. Schweiz Entomol. Ges. **31**, 146–154.

SCHOPP, R., P. M. EIDE and C. F. DOUCETTE (1943): Experiments for field control of the narcissus bulb fly. J. econ. Ent. **36**, 864–867.

SCHUPHAN, W. (1937): Der gegenwärtige Qualitätsbegriff bei Gemüsen und die Notwendigkeit seiner Erweiterung auf chemisch erfaßbare Wertmerkmale. Forschungsdienst **3**, 290–303.

SCHWARZ, R. (1955): Über die Riechschärfe der Honigbiene. Z. vergl. Physiol. **37**, 180–210.

SCHWERDTFEGER, F. (1948): Freilanduntersuchungen zur chemischen Borkenkäferbekämpfung. Forst u. Holz **3**, **19–23**.

SCHWERDTFEGER, F. (1950a): Untersuchungen über die Wirkung von Hexamitteln bei der Engerlingsbekämpfung im Forstschutz. Z. Pflanzenkrankh. Pflanzenschutz **57**, 246–272.

SCHWERDTFEGER, F. (1950b): Neue Untersuchungen über die Wirkung von Hexamitteln zur Engerlingsbekämpfung. Z. Pflanzenkrankh. Pflanzenschutz **57**, 344 bis 350.

SCHWERDTFEGER, F. (1951a): Untersuchungen zur Engerlingsbekämpfung mit Hexamitteln auf der unbestockten Kulturfläche. Allg. Forstzeitschr. **6**, 135–139.

SCHWERDTFEGER, F. (1951b): Weitere Untersuchungen zur Engerlingsbekämpfung mit Hexa-Mitteln. Mitt. Biol. Zentralanst. Land.- u. Forstwirtsch. H. 70, S. 83 bis 84.

SCHWERDTFEGER, F. (1960a): *Scolytidae* (Col.) an *Pinus*-Arten in Mittelamerika. V. Das Massenauftreten von *Dendroctonus adjunctus* Bandf. in Guatemala. Z. angew. Entomol. **46**, 1–33.

SCHWERDTFEGER, F. (1960b): Holzbrütende *Scolytidae* und *Platypodidae* (Col.) an *Pinus*-Arten in Mittelamerika. IX. Beitrag zur Forstentomologie Mittelamerikas. Z. angew. Entomol. **46**, 254–259.

SCHWINCK, J. (1954): Experimentelle Untersuchungen über Geruchssinn- und Strömungswahrnehmungen in der Orientierung bei Nachtschmetterlingen. Z. vergl. Physiol. **37**, 19–56.

SCHWINCK, J. (1955): Weitere Untersuchungen zur Frage der Geruchsorientierung der Nachtschmetterlinge: Partielle Fühleramputation bei Spinnermännchen, insbesondere am Seidenspinner *Bombyx mori* L. Z. vergl. Physiol. **37**, 439–458.

SCHWINCK, J. (1958): A study of olfactory stimuli in the orientation of moths. Proc. X. Int. Congr. Ent. **2**, 577–582.

SEVERIN, H. H. P. and H. C. SEVERIN (1914a): Behavior of the Mediterranean fruit fly (*Ceratitis capitata* Wied.) towards Kerosene. J. Animal Behavior **4**, 223—227.

SEVERIN, H. H. P. and H. C. SEVERIN (1914b): Relative attractiveness of vegetable, animal and petroleum oils for the Mediterranean fruit fly (*Ceratitis capitata* Wied.). J. New York ent. Soc. **22**, 240—248.

SHANKS, C.H., Jr. (1960): Protection of plants from some aphidtransmitted viruses. Diss. Abstr. **20**, 3910—3911, being L. C. Card. No. Mic. **60**—1018 of 81 pp.

SHANKS, C. H., Jr., and R. K. CHAPMAN (1965): The effects of insecticides on the behavior of the green peach aphid and its transmission of potato virus Y. J. econ. Ent. **58**, 79—83.

SHAW, J. G. (1955): Poison-lure sprays for Mexican fruit fly. Calif. Citrogr. **40**, 188—192 (zitiert bei NIEMCZYK 1965).

SHAW, J. G. (1961): Airplane applications of malathion bait spray for Mexican fruit fly control. J. econ. Ent. **54**, 600—601.

SHAW, H. O., R. C. SMITH, F.W. ATKESON, H. C. FRYER, A. R. BORGMANN and F. J. HOLMES (1943): Tests of fly repellents of known ingredients and of selected commercial sprays on dairy cattle J. econ. Ent. **36**, 23—32.

SHEPARD, H. H. (1960): Methods of testing chemicals on insects. Vol. II. Burgers Publishing Company, Minneapolis, USA, 248 S.

SHOREY, H. H. (1964): Sex pheromones of Noctuid moths. II. Mating behavior of *Trichoplusia ni* (*Lepidoptera*: *Noctuidae*) with special reference to the role of the sex pheromone. Ann. ent. Soc. Amer. **57**, 371—377 Baltimore, Md.

SHOREY, H. H., L. K. GASTON and T. R. FUKUTO (1964): Sex Pheromones of Noctuid Moths. I. A quantitative bioassay for the sex pheromone of *Trichoplusia ni* (*Lepidoptera*: *Noctuidae*). J. econ. Ent. **57**, 252—254.

SIMMONDS, N. W. (1959): Bananas. London: Longmans, 466 S.

SIMMONDS, N. W. and F. J. SIMMONDS (1953): Experiments on the banana borer, *Cosmopolites sordidus*, in Trinidad. B. W. K. Trop. Agriculture Trinidad **30**, 216 bis 223.

SMITH, C. N. and D. BURNETT (1949): Effectiveness of repellents applied to clothing for protection against salt-marsh-mosquitoes. J. econ. Ent. **42**, 439.

SMITH, C. N., M.M. COLE, I. H. GILBERT and H. K. GOUCK (1954): Field tests with tick repellents 1949, 1950 and 1952. J. econ. Ent. **47**, 13—19.

SMITH, C.N. and I.H. GILBERT (1953): Effectiveness against mosquitoes of general-purpose repellent mixtures for application to clothing. J. econ. Ent. **46**, 671—674.

SMITH, C. N., I. H. GILBERT and H. K. GOUCK (1960): Use of insect repellents. U. S. Dept. Agric., Entomology Research Division, ARS-33-26, 8 S.

SMITH, R. F., J. W. MCSWAIN, E. G. LINSLEY and F. R. PLATE (1948): The effect of DDT dusting on honeybees. J. econ. Ent. **41**, 960—971.

SMYTHE, R. V., T. C. ALLEN and H. C. COPPEL (1965): Response of the eastern subterranean termite to an attractive extract from *Lenzites trabea*-invaded wood. J. econ. Ent. **58**, 420—423.

SNAPP, O. I. and H. S. SWINGLE (1929a): Preliminary report on attrahents for peach insects. J. econ. Ent. **22**, 98—101.

SNAPP, O. I. and H. S. SWINGLE (1929b): Further results with the McIndoo insect olfactometer. J. econ. Ent. **22**, 984.

SOENEN, A. (1953): Neue Wege zur Rüsselkäferbekämpfung. Allg. Forstzeitschr. 8, 213—214.

SORAUER, P. (1939): Handbuch der Pflanzenkrankheiten, B. 6 Pflanzenschutz, Verhütung und Bekämpfung der Pflanzenkrankheiten. 1. Halbband, Berlin.

SORAUER, P. (1954/1956): Handbuch der Pflanzenkrankheiten, B. 5 Tierische Schädlinge an Nutzpflanzen. Berlin u. Hamburg, 2. u. 3. Lieferung.

STANILAN, L. N. and C. L. WALTON (1928): The use of Naphthalene for the control of certain pests of market gardens. Rep. Agr. Hort. Res. Stat. Bristol. 1928, 103–105. Ref.: Rev. appl. Ent., Ser. A **17**, 537.

STARNES, E. B. and P. GRANETT (1953): A laboratory method for testing repellents against biting flies. J. econ. Ent. **46**, 420–423.

STEINER, G. (1942a): Zur quantitativen Analyse tierischer Geruchsreaktionen. Naturwiss. **30**, 647–648.

STEINER, G. (1942b): Methodische Untersuchungen über die Geruchsorientierung von Fleischfliegen. Z. vergl. Physiol. **30**, 1–38.

STEINER, G. (1953): Zur Duftorientierung fliegender Insekten. Naturwiss. **40**, 514 bis 515.

STEINER, L. F. (1952a): Methyleugenol as an attractant for oriental fruit fly. J. econ. Ent. **45**, 241–248.

STEINER, L. F. (1952b): Fruit fly control in Hawaii with poison-bait sprays containing protein hydrolysates. J. econ. Ent. **45**, 838–843.

STEINER, L. F. (1954): Fruit fly control with poisoned baits sprays in Hawaii. U. S. Dept. Agric. ARS 33–3,3 S.

STEIN ER, L. F. (1955): Bait sprays for fruit fly control. Agr. Chem. **10** (11), 32–34, 113–115.

STEINER, L. F. (1957): Low cost plastic fruit fly trap. J. econ. Ent. **50**, 508–509. Ref.: Rev. appl. Ent. **46**, 350.

STEINER, L. F., D. H. MIYASHITA and L. D. CHRISTENSON (1957): Angelica oils as Mediterranean fruit fly lures. J. econ. Ent. **50**, 505.

STEINER, L. F., G. G. ROHWER, E. L. AYERS and L. D. CHRISTENSON (1961): The role of attractants in the recent Mediterranean fruit fly eradication program in Florida. J. econ. Ent. **54**, 30–35.

STEUDEL, W. (1960): Einige Beobachtungen über die Eiablage der Rübenfliege (*Pegomyia hyoscyami* sp. *betae* Curtis). Nachrichtenbl. Dt. Pflanzenschutzdienst (Braunschweig) **12** (8), 113–115.

STRINGER, C. E., Jr., C. S. LOFGREN and F. J. BARTLETT (1964): Imported fire ant toxic bait studies: evaluation of toxicants. J. econ. Ent. **57**, 941–945.

STRONG, R. G., D. E. SBUR and R. G. ARNDT (1961): Influence of formulation on the effectiveness of malathion, methoxychlor, and synergizid pyrethrum protective sprays for stored wheat. J. econ. Ent. **54**, 489–501.

STUART, A. M. (1961): Mechanism of trail-laying in two species of termites. Nature **189**, 419.

STUTE, K. (1957): Bisherige Ergebnisse von Versuchen mit „Repellents“ bei der Honigbiene (*Apis mellifica* L.). Anz. Schädlingskde. **30**, 38–43.

SWANK, G. R., D. F. DAVIS and S. I. GERTLER (1957): N-Pentylphthalimide as a repellent for possible use on insect-resistant packaging. J. econ. Ent. **50**, 515 bis 516.

SWEETMAN, H. L. (1936): The biological control of insects. Ithaca, Comstock Pub. Co. (zitiert bei DETHIER 1947).

SWEETMAN, H., C. L. WARNER and B. J. HERSHBERG (1945): Insect repellency testing. The testing of fabrics and papers for attractiveness to thysanura and roaches before and after deterrent applications. Soap **21** (3), 104–107, 127, 129, 131.

TASHIRO, H. and W. E. FLEMING (1954): A trap for European chafer surveys. J. econ. Ent. **47**, 618–623.

THIEL, P. H. van (1951): The repellent effect of insecticides especially of contact insecticides. Doc. neerland. indonesica Morbis trop. **3**, 117–125.

THIEM, H. (1947): Die Maikäferbekämpfung mit neuzeitlichen Insektengiften. Nachrichtenbl. Dt. Pflanzenschutzdienst, N. F. **1**, 4–5, 26–28.

THOMAS, C. A., Jr. and W. F. CHAMBERLAIN (1959): Response of the pea aphid to chemical repellents. J. econ. Ent. **52**, 106–109.

THOMPSON, R. K., A. A. WHIPP, D. L. DAVIS and E. G. BATTLE (1953): Fly control with a new bait application method. J. econ. Ent. **46**, 404–409.

THOMSSEN, E. G. and M. H. DONER (1942): Attractants and repellents for insects. Soap **18** (4), 97–99, 105, 107, (5), 95–96, 105.

THORPE, W. H. (1938): Further experiments on olfactory conditioning in a parasitic insect. The nature of the conditioning process. Proc. Roy. Soc. B. **126**, 370–397.

THORPE, W. H. and H. B. CAUDLE (1938): A study of the olfactory responses of insect parasites to the food plant of their host. Parasitology **30**, 523–528.

THORPE, W. H., A. C. CROMBIE, R. HILL and J. H. DARRAGH (1947): The behavior of wireworms in response to chemical stimulation. J. exp. Biol. **23**, 234–266.

THORPE, W. H. and F. G. W. JONES (1937): Olfactory conditioning in a parasitic insect and its relation to the problem of host selection. Proc. Roy. Soc. London (B) **124**, 56–81.

THORSTEINSON, A. J. (1955): The experimental study of the chemotactic basis of host specificity in phytophagous insects. Canad. Ent. **87**, 49–57.

THORSTEINSON, A. J. (1958): The chemotactic influence of plant constituents on feeding by phytophagous insects. Ent. exp. appl. **1**, 23–27.

THORSTEINSON, A. J. (1960): Host selection in phytophagous insects. Ann. Rev. Entomol. **5**, 193–218.

TOUHEY, J. G. and D. F. BRAY (1961): An evaluation of certain compounds as feeding deterrents against the smaller European elm bark beetle, *Scolytus multistriatus*. J. econ. Ent. **54**, 293–296.

TRAVIS, B. V. (1950): Known factors causing variations in results of insect repellent tests. Mosquito News **10**, 126–132.

TRAVIS, B. V., F. A. MORTON, H. A. JONES and J. H. ROBINSON (1949): More effective mosquito repellents tested at the Orlando, Fla., Laboratory 1942–1947. J. econ. Ent. **42**, 686–694.

VALENTINE, J. M. (1931): Olfactory sense of the adult mealworm beetle *Tenebrio molitor*. J. exp. Zool. **58**, 165–228.

VARLEY, G. C. and R. L. EDWARDS (1953): An olfactometer for observing the behaviour of small animals. Nature **171**, 789–790.

VERRON, H. (1957): Interattraction olfactive chez *Calotermes flavicollis* pouvoir attractif des larves a l'egard des differentes castes. Insectes Sociaux **4**, 25–30.

VERSCHAFFELT, E. (1910): The cause determining the selection of food in some herbivorous insects. Proc. Acad. Sci. Amsterdam, Sci. sec., **13**, 536–542.

VIEL, G. (1946): Études de laboratoire sur l'efficacité de substances chimiques envers les hannetons (*Melolontha melolontha*) et leurs larves. Compt. rend. Acad. Agr. France **32**, 804–807. (zitiert bei GODAN 1958).

VITÉ, J. P. and R. J. GARA (1962): Volatile attractants from ponderosa pine attakked by bark beetles (*Coleoptera*: *Scolytidae*). Contr. Boyce Thompson Inst. **21**, 251–273.

VITÉ, J. P., R. J. GARA and R. A. KLIEFOTH (1963): Collection and bioassay of a volatile fraction attractive to *Ips confusus* (Lec.) (*Coleoptera*: *Scolytidae*). Contr. Boyce Thompson Inst. **22**, 39–50.

VOGEL, W. (1952): Die Verwendung von Parathion zur Bekämpfung der Kirschenfliege (*Rhagoletis cerasi* L.) Anz. Schädlingskde. **25**, 100–102.

WÄLCHLI, O. (1955): Die Anwendung von DDT–Insektiziden im Textilschutz. In: P. MÜLLER: DDT, Bd. **1** S. 145–195.

WARDLE, R. A. (1929): The problems of applied entomology. Manchester University Press.

WARNKE, G. (1931): Experimentelle Untersuchungen über den Geruchssinn von *Geotrupes silvaticus* Panz. und *Geotrupes vernalis* Linn. Z. vergl. Physiol. **14**, 121 bis 199.

WATANABE, T. and J. E. CASIDA (1963): Response of *Reticulitermes flavipes* to fractions from fungus – infected wood and synthetic chemicals. J. econ. Ent. **56**, 300–307.

WATTERS, F. L. (1959): Effects of grain moisture content on residual toxicity and repellency of malathion. J. econ. Ent. **52**, 131–134.

WEAVER, N. (1951): Toxicity of organic insecticides to honey bees: contact spray and field tests. J. econ. Ent. **44**, 393–397.

WEBER, E. (1961): Grundriß der biologischen Statistik. 4. Aufl. Jena.

WEST, A. S. (1961): Chemical attractants for adult *Drosophila* species. J. econ. Ent. **54**, 677–681.

WEYER und ZUMPT (1939): Erfahrungen mit „Lausex", einem neuen Bekämpfungsmittel gegen Körperungeziefer. Dt. tropenmed. Zeitschr. **46**, 258–265.

WHARTON, D. R. A., E. D. BLACK, C. MERRITT, Jr., M. L. WHARTON, M. BAZINET and T. T. WALSH (1962): Isolation of the sex attractant of the American cockroach. Science **137**, 1062–1063.

WHARTON, R. H. and J. A. REID (1955): DDT and „Gammexane" as residual insecticides against *Anopheles maculatus* in Malaya. Nature **165**, 28–29.

WHITTEN, R. R. (1942): Toxic and repellent sprays for the control of elm bark beetles. U. S. Dept. Agric. Circ. 647, 12 pp.

WHITTINGTON, F. B., E. N. CORY and G. S. LANGFORD (1942): The influence of host plants on the local distribution of Japanese beetles and on the effectiveness of traps. J. econ. Ent. **35**, 163–164.

WIESMANN, R. (1943a): Das „Gesarol" als Bodendesinfektionsmittel. Forsch. ergebn. Geb. d. Gartenbaues (Zürich) H. 3, S. 3–47.

WIESMANN, R. (1943b): Weitere Versuche mit Gesarol im Obstbau. Schweiz. Zeitschr. Obst- u. Weinbau **52**, 171–204.

WIESMANN, R. (1957): Untersuchungen über die Sexualbiologie von *Prodenia litura* F. in Ägypten. Z. Pflanzenkrankh. Pflanzenschutz **64**, 554–562.

WIESMANN, R. (1962): Geruchsorientierung der Stubenfliege *Musca domestica* L. Z. angew. Ent. **50**, 74–81.

WIESMANN, R. und R. GASSER (1950): Fünf Jahre Erfahrungen in der Bekämpfung des Maikäfers (*Melolontha melolontha* L.) und Beobachtungen in seiner Ökologie. Z. Pflanzenkrankh. Pflanzenschutz **57**, 17–37.

WIESMANN, R. und R. LOTMAR (1949): Beobachtungen und Untersuchungen über den Wirkungsbereich des neuen Repellent „Kik-Geigy". Acta tropica **6**, 292–349.

WIETING, J. O. G. and W. N. HOSKINS (1939): The olfactory responses of flies in a new type of insect olfactometer. II. Responses of the house-fly to ammonia, carbon dioxide and ethyl alcohol. J. econ. Ent. **32**, 24–29.

WIGGLESWORTH, V. B. (1959): Physiologie der Insekten. Birkenhäuser, Basel u. Stuttgart, 823 S.

WILDBOLZ, TH. (1958): Über die Orientierung des Apfelwicklers bei der Eiablage. Mitt. Schweiz. Ent. Ges. **31**, 25–34.

WILDBOLZ, Th. (1959): Wie findet der Apfelwickler den Ort seiner Eiablage? Schweiz. Z. Obst- u. Weinbau **68**, 309–310.

WILLIS, E. R. (1947): The olfactory responses of female mosquitos. J. econ. Ent. **40**, 769–778.

WILLIS, E. R. and L. M. ROTH (1950a): The attraction of *Tribolium castaneum* to flour. J. econ. Ent. **43**, 927–932.

WILLIS, E. R. and L. M. ROTH (1950b): Humidity reactions of *Tribolium castaneum* (Herbst.). J. exper. Zool. **115**, 561–587.

WILLIS, E. R. and L. M. ROTH (1952): Reactions of *Aedes aegypti* (L.) to carbon dioxide. J. exper. Zool. **121**, 149–179.
WOLCOTT, G. N. (1945): DDT as a termite repellent. J. econ. Ent. **38**, 493.
WOLCOTT, G. N. (1949): The most effective termite repellents. J. econ. Ent. **42**, 273–275.
WOOD, D. L. and R. W. BUSHING (1963): The olfactory response of *Ips confusus* (Le Conte) (*Coleoptera*: *Scolytidae*) to the secondary attraction in the laboratory. Canad. Ent. **95** (10), 1066–1078.
WOOD, D. L. and J. P. VITÉ (1961): Studies on the host selection behavior of *Ips confusus* (Le Conte) (*Coleoptera*: *Scolytidae*) attacking *Pinus ponderosa*. Contr. Boyce Thompson Inst. **21**, (2), 79–95.
WOODBURY, E. N. (1943): Repellency of organic compounds to the Mexican bean beetle. Publ. Amer. Assoc. Adv. Sci. **20**, 174–176 (zitiert bei BUSVINE 1957).
WOODROW, A. W., N. GREEN, H. TUCKER, M. H. SCHONHORST and K. C. HAMILTON (1965): Evaluation of chemicals as honey bee attractants and repellents. J. econ. Ent. **58**, 1094–1102.
WRIGHT, R. H. (1964): The science of smell. London, 164 S.
YAMAMOTO, R. (1963): Collection of the sex attractant from female American cockroaches. J. econ. Ent. **56**, 119–120.
YOTHERS, M. A. and F. W. CARLSON (1944): Repellency of pyrethrum extract and other materials to full grown codling moth larvae (*Carpocapsa pomonella*). J. econ. Ent. **37**, 617–620.
ZEHMEN, H. v. (1942): Ein Beitrag zur Frage der Anlockstoffe weiblicher Falterschädlinge. Zbl. ges. Forstwesen **68**, 57.
ZWAARDEMAKER, H. (1895): Physiologie des Geruchs. Leipzig.
ZWEIGELT, F. (1933): Der heurige Maikäferflug und die Weinbaugebiete. Weinland, Nr. 3, 3 S., Klosterneuburg.

FSC
www.fsc.org
MIX
Papier | Fördert gute Waldnutzung
FSC® C083411

Kolibri 360 GmbH
Ferdinand-Jühlke-Straße 7
99095 Erfurt, Deutschland
produktsicherheit@kolibri360.de